C程序设计案例实训教程

吕海莲　主编

C CHENGXU SHEJI ANLI SHIXUN JIAOCHENG

郑州大学出版社
郑州

图书在版编目(CIP)数据

C 程序设计案例实训教程 / 吕海莲主编. —郑州 :
郑州大学出版社, 2017.9(2021.1 重印)
ISBN 978-7-5645-4547-5

Ⅰ. ①C… Ⅱ. ①吕… Ⅲ. ①C 语言-程序设计-高等学校-教材
Ⅳ. ①TP312.8

中国版本图书馆 CIP 数据核字(2017)第 152153 号

郑州大学出版社出版发行
郑州市大学路 40 号　　邮政编码:450052
出版人:孙保营　　发行部电话:0371-66966070
全国新华书店经销
河南龙华印务有限公司印制
开本:787 mm×1092 mm　1/16
印张:17.25
字数:419 千字
版次:2017 年 9 月第 1 版　　印次:2021 年 1 月第 5 次印刷

书号: ISBN 978-7-5645-4547-5　　定价:29.00 元

作者名单

主　编　吕海莲
副主编　李　波　王　巍
编　委　(以姓氏笔画为序)
王　巍　王小辉　王飞飞　吕海莲
吕琼帅　李　波　李永明　李玮瑶
时合生　张高敏

前言

本书是为大学本、专科学习 C 语言程序设计而准备的教材。

C 程序设计是计算机类专业最为重要的一门专业基础课程，开设在大一，目标是培养学生面向过程的编程思想和基本编程能力，重在培养学生运用 C 语言编程解决实际问题的实践能力。然而，精细的语言规则和强悍的思维体系成为初学者学习 C 语言的两道屏障。此外，在高等学校应用型转型发展的背景下，在培养高级应用型人才的教学需求下，培养和锻炼学生编程技能也成为该课程的重大使命。

教材编写组结合学生实际和多年教学改革经验，拟编写新的教材，力求在知识点的讲解上，将知识点、小实例、实训案例结合起来，通过将学习内容设计成“趣味化”“具体化”和“立体化”的活动思维过程，让学生在发现问题和解决问题的过程中，系统学习并掌握基础知识；并且，在整门课程中分部分穿插综合实训案例以突出学生的综合应用实践能力的培养。

本书在内容编写方面，力争做到以下几点：

1.本书在体系结构安排上尽可能地将知识点、小实例、实训案例结合起来，通过将学习内容设计成“趣味化”“具体化”和“立体化”的活动思维过程，让学生在发现问题和解决问题的过程中，系统学习并掌握基础知识。

2.突出能力培养，设计充分的案例体现讲、学、练一体化的思想。每章通过案例—总结—扩展等步骤逐步讲授知识点，同时案例后面附有课后练习，进一步拓展了案例的深度和广度。这样不仅能够让学生理解并掌握程序设计的基本理论知识，还可以让学生学会应用这些基本理论知识，真正达到学以致用的目的。

3.实训案例突出知识点综合应用实践能力的提高，实训教学不同于一般的实验教学，要改变以前实验课中的小实验练习，学生对知识只见树木、不见森林的状况。因此，要设计具有实际的应用情景、知识覆盖面广的科学的综合应用型实训案例，这需要先要把课程中的重要知识点总结到一起，然后总体考虑一下这些知识点的应用点，最后把这些应用点统一在一个大的应用情境中，即形成一个由诸多小应用情境相互联系组成的大应用案例。

本书具有以下特点：

1.弱化语言规则和思维体系的难度，用“趣味化”“具体化”和“立体化”的任务与案例式的教学内容相结合，突出实践应用能力和解决问题能力的培养。

2.案例内容丰富，突出能力培养，充分体现讲、学、练一体化的思想。

3.兼顾点和面，既有小案例讲解基础知识，又有实训综合应用案例穿插于全书，突出了对学生的综合应用实践能力的培养。

本书由吕海莲主编，具体编写分工如下：李玮瑶、李永明编写第1章，王小辉编写第2、3、4章，王飞飞编写第5、6章，李波、王巍编写第7章，张高敏编写第8、9章，李永明编写第10章，吕琼帅和时合生编写第11、12章。本书的实战经验由平顶山学院刘鑫、黄峥等学生团队参与编写。由于作者水平有限，本书难免有不足之处，欢迎广大读者批评指正。

编者

2017年6月

目 录

第 1 章　C 程序设计基础

【教学目标】

1. 理解程序是什么。
2. 理解计算机程序设计的思想。
3. 理解算法的设计思想。
4. 学会用流程图表示算法。
5. 掌握 C 语言的相关知识。
6. 掌握 HelloWorld 程序的开发运行过程。

【技能目标】

使用流程图来表示简单问题的算法设计思想，能够顺利运行 C 程序。

【知识目标】

1. 程序设计的思想。
2. 使用流程图表示算法。
3. C 程序的执行。

【教学重点】

引导学生进行发散思维，掌握多个相同类型数据处理在计算机中的实现。

1.1　程序

1.1.1 计算机与程序

人与世界的关系是人类永恒的主题，也是全部的主题。人类的一切活动皆是为了能在这个世界更好地生存与发展。在漫长的历史演化中，人类逐渐摸索出了两条行之有效的生存和发展之道：一是内部团结协作，使人类作为一个整体更为强大，从而更能适应这个世界，由此诞生和演化出了社会科学；二是创造各种各样的工具，用于模拟和扩展人的某方面的功能，使单个的人更为强大，甚至是某种意义上的“超人”， 从而更能适应这个世界，由此诞生和演化出了自然科学。

世界有三大支柱（也称三大资源），即物质、能量和信息。同时，世界又有两大维度，即时间和空间。人类为了能在这个世界生存和发展，创造了各种各样的工具。这些工具主要用于模拟和扩展人的各方面的功能，如肢体、感官等。同时，工具也用于帮助人类突破时间和空间的限制，从而获得更多的自由。例如，交通工具和通信网络技术等已使地球成为了“地球村”；人类借助工具已经能够上天入地；能够感知和认识的世界也拓展到从几十亿光年的宇宙尺度范围到极其微小的各种粒子层次范围。任何工具的顶级抽象都可归纳为一个数学函数：f(I)= O。其中，I 代表输入（Input），O 代表输出（Output），f 代表处理（function）。即任何工具都是对输入的对象进行某种处理，然后输出。不同工具间的区别就在于它们能够处理的输入对象和处理过程不同。有的工具输入和处理物质，如洗衣机将脏衣服输入，经过清洗、漂洗、甩干后输出干净的衣服，抽水机将水从 A 处抽到 B 处，等等；有的工具输入和处理能量，如水电站将水的势能转变为电能，电池将化学能转变为电能，电灯将电能再转变为光能、热能，等等；有的工具输入和处理信息，如电话机、电报机、电视机、计算机等。计算机就是这样一种工具，它用于模拟和扩展人的大脑的功能，帮助人类处理信息。人类对信息的处理都是为了更好地认识和改造这个世界。计算机提供了这样一种可能，将世界进行数字化建模，即构建数字化的世界，亦即人化世界。因此，从本质上看，计算机的功能，亦即程序的本质功能，就是为了模拟这个世界。模拟世界的目的就是为了更好地认识和改造这个世界，从而达到人类更好地在这个世界生存和发展的根本目标。

计算机的发展，本质是对输入并处理的数据对象的发展。如今的计算机发展已经经历并将继续经历数值计算、文本处理、图形图像处理、音频视频处理、知识情感处理等。

计算机发展的终极目标就是成为“人”，甚至是“超人”，如图 1-1 所示。

过去	现在	将来	
数值、文本	图形、图像、音频、视频	知识、情感	→“人”

图 1-1　计算机的发展示意图

更进一步，人就是计算机，并且是高级的计算机。在人类和计算机的发展历史上，将逐渐经历人的机器化、机器的人化、人机融合。

计算机世界就是现实世界的映射，任何计算机技术均来源于现实世界。在学习计算机相关技术时，要特别注意“以人为本”的学习和思考方法。

计算机在存储程序（Stored Program）的控制下，对输入的原始信息，即数据（Data）进行处理，然后得到人们感兴趣的有用的信息（Information）并加以利用。

计算机唯一的功能就是执行程序。那么什么是程序？如何执行程序？如何开发程序？整个计算机学科就围绕这三个问题展开。

任何程序都是用某种程序设计语言编写的用于解决某个实际问题的逻辑处理序列，它对特定的数据集进行处理。程序设计就是针对要解决的实际问题进行分析、设计并采用某种特定的程序设计语言编写程序来模拟和解决之。简而言之，程序就是对数据的输入、处理和输出的逻辑控制序列，它通过对某个特定问题的模拟来帮助人们认识和解决该问题。有科学家提出：程序=数据结构+算法。

1.1.2 通过“鸡兔同笼”问题的求解理解程序

我国古代数学著作《孙子算经》提出“鸡兔同笼”问题如下（图 1-2）：“今有鸡兔同笼，上有三十五头，下有九十四足，问鸡兔各几何？”

图 1-2“鸡兔同笼”问题

解：怎样解决该问题？大家都会解。分析如下：

第一步，解决该问题应该首先把问题数学化。根据题目条件，设有 x 只鸡，y 只兔，可以列出二元一次方程组：

$$\begin{cases} x+y=35 & (1) \\ 2x+4y=94 & (2) \end{cases}$$

这是一个典型的二元一次方程组：

$$\begin{cases} ax+by=e \\ cx+dy=f \end{cases}$$

第二步，解该方程组。解二元一次方程组有多种方法，现在选择消元法。步骤如下：

1）首先消去未知数 y：

a) 把方程(1)乘以 4：计算 1*4；35*4。得到方程：

4x+4y=140　　　(3)

b) 把方程(2)减去方程(3)：计算 2-4；4-4；94-140。得到方程：

-2x = -46　　　(4)

这是一个典型的 ax = b 型的一元一次方程。

2）解该一元一次方程：计算 (-46) / (-2) → x，得到未知数 x 的值 23 。

3）把 x 值代入方程 (1)得一元一次方程 (5)

23+y = 35　　　(5)

4）解该一元一次方程：计算 35-23 → y 得到未知数 y 的值 12 。

从而计算出有 23 只鸡，12 只兔。现在已经把解决该问题的各个步骤进行完毕。分析上述步骤，计算过程是：

```
1）1*4→a        // 方程(1)乘以 4，x 的系数保存在 a 中
2）35*4→e       // 常数项保存在 e 中
3）2-a→a        // 方程(2)减去方程(3)，得一元一次方程
                // x 的系数保存在 a 中
4）94-e→b       // 常数项保存在 b 中
5）b/a → x      // 解 ax = b 型一元一次方程 -2x = -46，结果送入 x 中
```

6）35 - x → y　　// 解一元一次方程 23+y = 35，结果送入 y 中

7）显示 x、y

这就是“程序”。程序就是一个计算过程，由若干计算步骤组成。选择一种程序设计语言（比如 C），把上述计算过程用该程序设计语言表示出来就是计算机程序。上述求解问题的过程就是“程序设计”。

1.2　程序设计

1.2.1　程序设计语言

语言是一个符号系统，用于描述客观世界，并将真实世界的对象及其关系符号化，用于帮助人们更好地认识和改造世界并且便于人们之间的相互交流。在全球范围内，人类拥有数以千计的不同语言，如汉语、英语、俄语、法语、日语、韩语等。这些不同的语言，体现了不同的国家和民族对这个世界不同的认识方法、角度、深度和广度等。

计算机领域的程序设计语言用于将客观世界的对象及其关系（称为问题空间）通过逻辑等价映射为计算机世界的对象及其关系（称为解空间）。由问题空间到解空间的这个映射过程就称为程序设计，如图 1-2 所示。

问题空间 <…………………………> 程序设计 <……………………………> 解空间

（客观世界的对象及其关系）　（逻辑等价映射）　（计算机世界的对象及其关系）

图 1-2　程序设计的本质示意图

计算机中存在多种不同的程序设计语言，它们体现了在不同的抽象层次上对计算机这个客观世界的认识。处于最底层的是机器语言，它用二进制 0、1 代码表示待处理的数据对象和处理的逻辑序列，是计算机硬件能够直接识别并执行的唯一语言。不同的机器平台拥有不同的机器语言。用机器语言编写的程序运行效率高，代码短小精悍，但学习、开发和维护极其困难。

在机器语言之上是汇编语言，它是对机器语言的简单抽象，是符号化的语言。它用地址、指令等概念来抽象待处理的数据对象和处理的逻辑序列，不能被计算机直接执行，必须先经过汇编程序将符号转化为对应的 0、1 二进制代码（这个过程称为汇编），即机器语言，然后才能被执行。汇编语言的指令和机器语言的指令一一对应，不同的机器平台拥有不同的汇编语言。与机器语言相比，汇编语言提升了程序的开发效率和易维护性，执行效率和代码量上也非常接近机器语言，但仍然难于学习和掌握。

在汇编语言之上是高级语言，如 C 语言、Java 语言等。它们是对机器语言和汇编语言更高一级的抽象，使用常量、变量、数据结构、运算符、表达式、语句、流程控制、函数、类与对象等概念来抽象待处理的数据对象和逻辑序列。与汇编语言类似，用高级语言编写的程序也不能直接被计算机硬件识别和执行，必须经过编译或解释程序将它们转化为逻辑上等价的机器语言程序，然后才能被计算机硬件直接识别和执行（注意：有的编译器可以先编译成汇编语言程序，然后再通过汇编链接成机器语言程序）。高级语言更接近人

类的自然语言，非常容易理解和掌握，也极大地提升了程序的开发效率和易维护性，但降低了程序的运行效率，增加了程序的代码量。

随着计算机技术的不断发展，计算机硬件的性能越来越高，存储容量越来越大，成本却越来越低。除非特别需要的情况，一般而言，程序的运行效率和程序耗费的存储容量已不再是主要考虑的问题，人们更关心程序开发效率的提升、程序的易维护性以及学习和掌握该语言的难易程度等。因此，各种高级语言应用越来越广，而汇编语言只应用在极少数对运行性能要求极高的场合。

程序设计语言的实现机制如表 1-1 所示。

表 1-1　程序设计语言的实现机制

程序设计语言类别	语言实现机制
机器语言	由硬件直接识别并执行
汇编语言	经过汇编转化为机器语言执行
高级语言	经过编译或解释转化为机器语言执行

1.2.2　程序设计

“程序设计”的任务就是找出算法(算法分析)、编出计算机程序、调试测试程序和运行程序。

在解决问题的过程中需要采用一定的方法，即算法。使用 C 语言来描述算法，这就形成了 C 程序。

一个程序应包括对问题涉及对象的描述和对处理过程的描述，即对数据的描述和操作的描述。

(1)数据的描述。在程序中要指定所用数据（即处理对象）的类型及数据的组织方法，如要设计一个程序完成对 10 名学生的成绩求平均值的操作，那么就要确定学生的成绩是什么类型数据以及如何组织这些成绩的，这就是数据结构（data structure）。在 C 语言中，系统提供了以数据类型的形式表示数据结构。

(2)操作的描述。对数据处理过程的描述，即所说的算法。

在生活中，如果要做一道菜，首先应该有所需的原料，即菜及调料，另外还要有操作步骤，即如何使用原料按规定的步骤加工成所要的菜肴。实际上，原料便是数据，做菜的操作步骤就是数据处理的过程。

1.2.3　算法

算法是为解决某一个或一类问题而采取的方法和对步骤的描述。生活中，做任何事都有一定的方法和步骤，即算法无处不在。例如烧一壶开水，需要采用一定的算法，即：

第 1 步：洗干净水壶；

第 2 步：把水壶装满水；

第 3 步：把水壶放在炉灶上，点火；

第 4 步：等水开后，灌入暖水瓶。

又例如，你想乘飞机去外地开会，首先需要购买飞机票，然后按时去飞机场，登上飞机，到达目标城市后，再乘车抵达会场参加会议。这些步骤都是按一定的顺序进行的，缺一不可，甚至顺序错了也不行，程序设计也是如此，需要有程序控制流程语句，即流程控制语句。不过，在进行程序设计前，还需要知道“应该做什么”和“怎么做”，然后再采用相应的语言编写出相应的控制语句。算法就是解决“做什么”和“怎么做”的问题。

算法是学习程序设计的基础，算法是程序之母，是程序设计的入门知识，掌握算法可以帮助程序开发人员快速理清程序设计的思路，对于一个问题，可找出多种解决方法，从而选择最合适的解决方法。

下面通过 3 个简单的案例来说明算法的设计思想。

【案例 1】有黑和蓝两个墨水瓶，但却把黑墨水装在了蓝墨水瓶子里，而蓝墨水错装在了黑墨水瓶子里，现要求将其互换。

算法分析：这是一个非数值运算问题。如果直接将黑墨水倒入黑墨水瓶，会导致黑蓝墨水混合在一起，而无法达到目的，所以这两个瓶子的墨水不能直接交换，解决这一问题的关键是需要引入第三个墨水瓶。设第三个墨水瓶为白色，其交换步骤如下：

(1)将黑瓶中的蓝墨水装入白瓶中；

(2)将蓝瓶中的黑墨水装入黑瓶中；

(3)将白瓶中的蓝墨水装入蓝瓶中。

与该例相似的问题就是要完成两个数 a，b 的交换，当然也必须通过上述算法，借助 c：

(1)a→c；

(2)b→a；

(3)c→b。

【案例 2】计算函数 f(x)的值。函数 f(x)如下所示，其中，a、b、c 为常数。

$$f(x)=\begin{cases}ax+b & x\geq 0\\ ax^2-c & x<0\end{cases}$$

算法分析：本题是一个数值运算问题。其中 f 代表要计算的函数值，该函数有两个不同的表达式，根据 x 的取值决定执行哪个表达式，算法如下：

(1)将 a、b、c 和 x 的值输入到计算机；

(2)判断如果条件 x≥0 成立，执行第(3)步，否则执行第(4)步；

(3)按表达式 ax+b 计算出结果存放到 f 中，然后执行第(5)步；

(4)按表达式 ax^2-c 计算出结果存放到 f 中，然后执行第(5)步；

(5)输出 f 的值，算法结束。

【案例 3】 给定两个正整数 m 和 n（m≥n），求它们的最大公约数。

算法分析：这也是一个数值运算问题，有成熟的算法，我国数学家秦九韶在《算书九章》一书中曾记载了此算法。求最大公约数问题的算法有很多种，一般采用辗转相除法（也称欧几里得算法）求解，大家也可考虑其他算法。

例如：设 m=18，n=12，余数用 r 表示。它们的最大公约数的求法如下：

18/12 商为 1，余数为 6 ，把 n 值传给 m，把 r 值传给 n，继续相除；

12/6 商为 2，余数为 0 ，当余数为零时，所得 n 即为两数的最大公约数。

所以 18 和 12 两数的最大公约数为 6。

用这种方法求两数的最大公约数，算法描述如下：

(1)将两个正整数存放到变量 m 和 n 中；

(2)求余数：计算 m 除以 n，将所得余数存放到变量 r 中；

(3)判断余数是否为 0：若余数为 0，则执行第(5)步，否则执行第(4)步；

(4)更新被除数和余数：将 n 的值存放到 m 中，将 r 的值存放到 n 中，并转向第(2)步继续循环执行；

(5)输出 n 的当前值，算法结束。

从以上三个例子中我们可以看到算法是一个有穷规则的集合，这些规则确定了解决某类问题的一个运算序列。对于该类问题的任何初始输入值，它都能机械地一步一步地执行计算，经过有限步骤后终止计算并产生输出结果。归纳起来，算法具有以下基本特征：

(1) 有输入：一个算法具有零个或者多个取自指定集合的输入值，以便建立算法的初始状态。

(2) 有输出：算法的目的是用来求解问题，问题的结果应以一定的方式输出。如方程的根有几种结果，即使无解也要有提示输出，输出最好要体现人性化。

(3) 有穷性：一个算法须在执行有穷步之后结束，广义的说，操作步骤的数量有限或能在合理的时间范围内完成全部操作，如果要让计算机运行几十年才能完成的算法不是一个有效的算法，它不具有有穷性。

(4) 确定性：每个步骤必须有确切的含义，而不是含糊的、模棱两可的。如 A/正整数，但正整数不知道具体的数是不行的。

(5) 可行性：每一个步骤都要足够简单，是实际能做的，在短的时间内可完成的。

通常算法都必须满足以上五个特征。

1.2.4　流程图

算法可以用任何形式的语言和符号来描述，描述算法有多种多样的方法，通常有流程图、N-S 图、PAD 图、伪代码、程序语言等。其中流程图是最早提出的用图形表示算法的工具，所以也称为传统流程图。它直观性强，便于阅读，又特别适合于初学者使用，对于一个程序设计人员来说，会看会用传统流程图是必要的。

【案例 1】去图书市场买书

首先采用“去图书市场买书”这个最简单的也是最通俗的例子来引入“流程图”的概念，然后再介绍“流程图”这个基本工具及其使用方法。

1. 分析及描述“去图书市场买书”的过程

很多人都曾经到书店或图书市场买过书。虽然没有在纸上采用流程图形式记录下买书的过程或步骤，但是一定经过了如下几个步骤。

第一步，有买书的意愿；

第二步，确定要买什么书；

第三步，确定到哪个书店或图书市场才可以买到需要的书；

第四步，坐车或步行到目的书店或目的图书市场；

第五步，找到需要的图书；

第六步，付款；

第七步，得到需要的图书；

第八步，结束。

以上描述形式其实就是“去图书市场买书”这个过程的文字描述。你或许会问：用文字方式描述做事情的过程不也是挺好吗，为什么还要引入“流程图”这个工具呢?对这个问题的回答很简单：流程图可以更加简单、清晰、直观和明了地描述过程，对于比较复杂的过程，用流程图表示将更加方便！为了说明这个问题，在具体介绍流程图的使用以前，试着采用流程图来描述“去图书市场买书”的过程，如图 1-3 所示。

同样表示“去图书市场买书”这个过程，对比采用文字形式的描述和采用流程图形式的描述可以发现：采用流程图形式的描述更能体现做事情的过程性。从图 1-3 中可以清晰地看出，为了完成“去图书市场买书”这件事情，在做任何一件事情，都需要有做这些事的先后顺序：有开始，有各种处理，有结束。

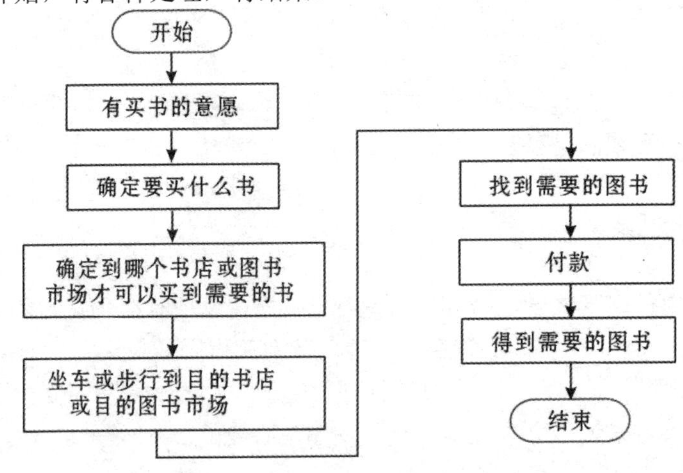

图 1-3 去图书市场买书的流程图

为了具有一般性，在下面的论述中，将采用“解决问题”这个规范的字眼来代替“做事情”这个通俗的字眼。

2. 流程图及流程图最基本图符

所谓流程图，通俗来讲，就是使用一些基本图形符号来描述解决问题的过程及方法。

在描述“去图书市场买书”这个流程图中使用的流程图图符及其含义如表 1-2 所示。

表 1-2　流程图基本图符表

图符	含义
	起止符号。用于指明处理的开始或结束，通常包括 start、begin、stop、end 等词语
	处理符号。指明需要进行的处理，通常包括需要进行处理的名称，处理的名称可以自由设定，但最好能表达处理的内容
	流程方向线。用于指明处理的先后顺序，处理过程随箭头方向移动

3．课堂练习：用流程图表示“去商场买东西”的过程

大家都曾有去商场买东西的经历，例如买衣服、买电器等。利用已经介绍的流程图的基本用法描述“去商场买东西”的过程。要求：

1)过程要清晰、明了；

2)使用已经介绍的流程图基本图符进行描述；

3)流程图要画得正确、工整。

【案例 2】计算从 1 到 n 的整数和

在这个例子中，为了简单起见，规定 n 必须大于等于 0。

从中学数学中我们了解到，有两种方法可以计算从 1 到 n 的整数和。

方法 1：也就是直接累加，1+2+3+……+n；

方法 2：采用等差数列的和计算公式进行计算，即，n×(n+1)/2。这个例子与“去图书市场买书”这个例子不同点在于：其一，必须首先知道计算从 1 到 n 的整数和中的 n 到底是多少；其二，必须将结果输出。为此，需要引入几个新的流程图图符。

1．用流程图描述“计算从 1 到 n 的整数和”

为了采用流程图描述计算从 1 到 n 的整数和的计算过程，首先必须要知道这个 n 到底是多少，最简单的方法就是让使用者通过输入的方式输入这个 n。幸运的是，流程图工具提供了用于表示输入数据的图符，同时也提供了用于表示输出结果的图符和其他一些高级图符，包括：判断、注释等。用流程图描述计算从 1 到 n 的整数和的过程，如图 1-4 和图 1-5 所示。

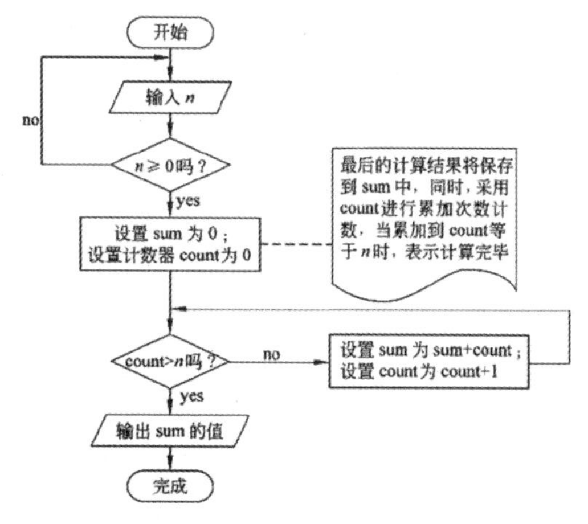

图 1-4　计算从 1 到 n 的整数和的流程图

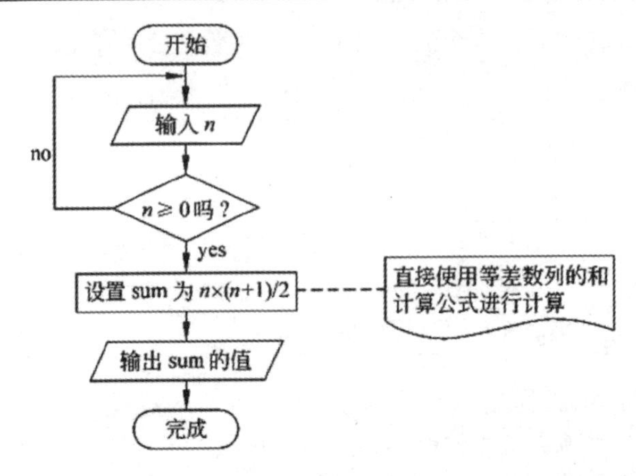

图 1-5　计算从 1 到 n 的整数和的等差数列和公式方式的流程图

从上面的流程图可以看出，可以有多种方法解决同一个问题，在实际生活中情况也是如此。

实际上，在用于解决同一问题的可选方法中，总是从可用方法中选取最优的方法，在程序设计中，情况更是如此。例如，在用于解决“计算从 1 到 n 的整数和”中，采用等差数列的和公式比采用从 1 到 n 的累加方式来计算从 1 到 n 的累加和要更加有效。所谓算法，简而言之，就是解决某一问题的方法。

回到“计算从 1 到 n 的整数和”问题，可以采用了两种方法解决这个问题，并给出了相应的流程图，下面对这两个流程图进行简单的说明。

在图 1-4 中，首先要求输入 n 的值，然后判断所输入的 n 是否大于等于 0，如果不是，则要求重新输入。如果输入的 n 大于等于 0，则设置结果和 sum 为 0，同时设置一个计数器 count 为 0，然后通过条件“count 大于 n 吗”来判断是否已经完成从 1 到 n 的共 n 个数的累加。如果 count 大于 n，说明已经完成了 1 到 n 的 n 个数的累加，并将最后累加结果输出；否则，若 count 小于等于 n，则通过“设置 sum 为 sum+count”将第 count 个数累加到 sum 中，同时，通过“设置 count 为 count+1”使 count 指向下一个要累加的数。当 count 大于 n 时，说明已经完成从 1 到 n 的 n 个整数的累加，并将最后的结果输出。

在图 1-5 中，首先要求输入 n 的值，然后判断所输入的 n 是否大于等于 0，如果不是，则要求重新输入；否则，直接采用等差数列的和计算公式直接计算出从 1 到 n 的整数和并输出。

大家可能发现，在上面的说明中，没有对在图 1-4 及图 1-5 中的用虚线连接的类似一张纸的一个特殊的框做过说明：这个框其实就起到解释说明的作用，也就是说，它用于对其他流程图图符的解释说明。

2．流程图高级图符

现在对图 1-4 和图 1-5 中用到的流程图图符进行介绍，其中包括：输入/输出图符、判

断图符、注释图符，这些图符的形状及功能如表 1-3 所示。

3．课堂练习：用流程图表示“计算从 1 到 n 的乘积”

利用已经介绍的流程图的用法描述“计算从 1 到 n 的乘积”的计算过程。要求：

(1)过程要清晰、明了；

(2)使用已经介绍的流程图基本图符进行描述；

(3)流程图要画得正确、工整；

(4)在认为必要地方加上注释图符，以使流程图更容易理解。

表 1-3　流程图高级图符

图符	含义
（平行四边形）	输入/输出图符。指明需要获取的数据或要记录下来的结果。该图符通常用于接收数据输入或将结果输出
（菱形）	判定图符。根据图符中的条件会产生两个不同的控制走向。这一图符通常包含一个问题,控制的走向是通过标记在分支中的答案来决定的
（注释框）	注释图符。用于说明其他条目,虚线表明注释位置

【案例 3】判断任一年份是否为闰年

要判断任一年份是否为闰年，必须首先搞清楚什么是“闰年”。 通常所说的一年 365 天，其实是个约数，准确的数字应是 365. 2422 日。那么一年 365 天，就与实际的一年相差 0. 2422 日，这样四年之后就比实际的一年少了近 1 天。为了弥补这个差值，历法中规定，4 年设一闰，即能被 4 整除的年份为闰年，另附加规定，凡遇世纪年(末尾数字为两个零的年份)，必然被 400 所整除才算闰年。如 1996 年即闰年，2000 年也是闰年，而 1700 年则不是闰年。阳历闰年的 2 月有 29 天，2 月 29 日为闰日，阳历闰年有 366 天。从上面的介绍可以知道，闰年的年份必须同时满足如下的条件：

(1)年份能被 4 整除；

(2)年份若是 100 的整数倍，需被 400 整除，否则就不是闰年。

根据这些条件就可以判断任一年份是否为闰年。

1．用流程图描述“判断任一年份是否为闰年”

判断任一年份是否为闰年，与“计算从 1 到 n 的整数和”一样，必须知道要判断的年份，这个年份是任一输入的。判断“任一年份是否为闰年”的流程图如图 1-6 所示。

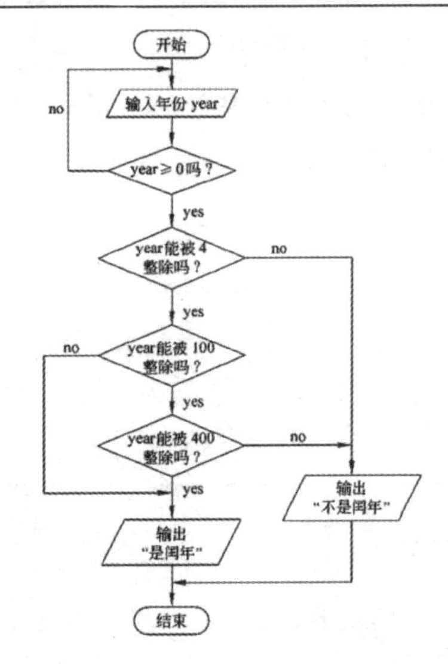

图 1-6 判断任一年份是否为闰年的流程图

以上用于“判断任一年份是否为闰年”的流程图是严格按照闰年的条件进行设计的。这个例子也说明，流程图只是解决实际问题的方法的一种形式描述，而不是解决问题的方法，也就是说，流程图只是一种描述手段，而不是方法本身。

2. 课堂练习：用流程图表示“计算二次方程的根”

从中学数学了解到，求二次方程的根，就是求 $ax^2+bx+c=0$ 方程的根，其中，a、b、c 都是实数。这里，为了简单起见，只要求求出方程的实根。要求：

(1)过程要清晰、明了；

(2)使用已经介绍的流程图基本图符进行描述；

(3)流程图要画得正确、工整；

(4)在认为必须的地方加上注释图符，以使流程图更容易理解。

1.3 C 语言相关知识概述

1.3.1 C 语言的历史沿革

C 语言于 20 世纪 70 年代初问世。它源于 UNIX 操作系统，最初只是用于改写用汇编语言编写的 UNIX 操作系统。为了将 UNIX 操作系统更大范围地进行推广，1977 年 M.Ritchie 发表了不依赖于具体机器系统的 C 语言编译文本——《可移植的 C 语言编译程序》，这标志着 C 语言的正式诞生。

1978 年 Brian W.Kernighan 和 Dennis M.Ritchie 出版了经典的 C 语言教材 The C Programming Language，有人称之为《K&R》标准，从而使 C 语言逐渐成为目前世界上流行最广泛的高级程序设计语言。后来美国国家标准学会（American National Standards Institute，ANSI）在此基础上制定了一个 C 语言标准，于 1983 年发表，通常称之为 ANSI

C 或标准 C。

1988 年，随着微型计算机的日益普及，出现了许多 C 语言版本。由于没有统一的标准，使得这些 C 语言之间出现了一些不一致的地方。为了改变这种情况，ANSI C 语言制定了一套 ANSI 标准，并于 1989 年通过，1990 年正式颁布，称为 C89 或 C90 标准。

1999 年，最新的 C 语言标准颁布，称为 C99 标准。它是对 C89/C90 标准的进一步完善和发展，但到目前为止，很多 C 语言编译器并不完全支持 C99 标准的全部特性。

从诞生到现在，几十年过去了，C 语言的影响越来越深远。例如，当前处于统治地位的三大操作系统——Windows、Linux 和 UNIX 的绝大多数代码都是用 C/C++程序开发的；C 语言的应用领域极广，从上层应用程序到底层操作系统，再到各种嵌入式应用等，几乎无处不在；以 C 语言为基础，相继诞生了 C++、Java 和 C#语言，这 3 种语言都逐渐成为应用最多的前几种语言之一。这种趋势还在不断的演化中。

1.3.2　C 语言的特点

C 语言具有如下特点：

(1) 语言简洁、灵活。

(2) 运算符类别丰富。

(3) 数据类型丰富，能够支持各种复杂的数据结构。

(4) 具有结构化的流程控制语句，支持模块化的分析设计，适合编写各种不同层次的程序系统，如各种应用程序、各种操作系统、数据库管理系统等。

(5) 语法限制不太严格，程序书写灵活方便。

(6) 允许直接访问物理地址，能进行位操作，可直接对硬件进行操作，从而可实现汇编语言的大部分功能，兼有高级和低级语言的特点。

(7) 目标代码质量高，程序执行效率高。经过编译器优化后生成的代码效率接近汇编语言代码。

(8) 与汇编语言相比，程序可移植性好。

1.4　简单的 C 语言程序介绍

下面将开发我们的第一个 C 语言程序。

【例 1】 第一个简单的 C 程序。

```
#include <stdio.h>
int main( )
{
    printf("Hello,world!\n");
    return 0;
```

```
}
```

对于初学者来说，现在无须理解上面的代码，只要利用相应的开发工具软件将该程序输入到计算机并运行即可。通过后面的学习，我们会慢慢地理解和掌握它。

提示：学习程序设计时最有效的方法不是对什么都刨根问底，把遇到的每一点都弄明白，而是应该先不求甚解，努力实践，把它做出来，然后再追究为什么这么做。这样的过程可能充满疑惑，甚至可以说是跌跌撞撞的，但这非常重要！正是在跌跌撞撞的过程中，你才能切身体会更深，发现更多疑问，激发你主动分析问题和解决问题的热情，从而能主动地自主学习，收获更多、更大。学习应该讲究水到渠成，而不要做崂山道士，费力不讨好，因为崂山道士式的学习会打击你学习的兴趣和积极性，导致你坚持不了多久，最终以失败收场。严格来说，程序设计并不完全是科学，它更应该是工程。工程最大的特点就是重复性，只要你积累足够的实践经验，就能掌握并且可以达到熟能生巧的的境界。所以，学习程序设计一定要大量地实践。记住，程序设计“无他，惟手熟尔”！

1.5 C 语言集成开发环境 Code::Blocks 使用说明

Code::Blocks 是一个开放源码的全功能的跨平台 C/C++集成开发环境。 Code::Blocks 是开放源码软件。Code::Blocks 由纯粹的 C++语言开发完成，它使用了著名的图形界面库 wxWidgets(2.6.2 unicode)版。

Code::Blocks 提供了许多工程模板，这包括：控制台应用、DirectX 应用、动态连接库、FLTK 应用、GLFW 应用、Irrlicht 工程、OGRE 应用、OpenGL 应用、QT 应用、SDCC 应用、SDL 应用、SmartWin 应用、静态库、Win32 GUI 应用、wxWidgets 应用、wxSmith 工程，另外它还支持用户自定义工程模板。在 wxWidgets 应用中选择 UNICODE 支持中文。

Code::Blocks 支持语法彩色醒目显示，支持代码完成（目前正在重新设计过程中）支持工程管理、项目构建、调试。

Code::Blocks 支持插件，包括代码格式化工具 AStyle；代码分析器；类向导；代码补全；代码统计；编译器选择；复制字符串到剪贴板；调试器；文件扩展处理器；Dev-C++DevPak 更新/安装器；DragScroll，源码导出器，帮助插件，键盘快捷键配置，插件向导；To-Do 列表；wxSmith；wxSmith MIME 插件；wsSmith 工程向导插件；Windows7 外观。

Code::Blocks 具有灵活而强大的配置功能，除支持自身的工程文件、C/C++文件外，还支持 AngelScript、批处理、CSS 文件、D 语言文件、Diff/Patch 文件、Fortan77 文件、GameMonkey 脚本文件、Hitachi 汇编文件、Lua 文件、MASM 汇编文件、Matlab 文件、NSIS 开源安装程序文件、Ogre Compositor 脚本文件、Ogre Material 脚本文件、OpenGL Shading 语言文件、Python 文件、Windows 资源文件、XBase 文件、XML 文件、nVidia cg 文件，还能够识别 Dev-C++工程、MS VS 6.0-7.0 工程文件，工作空间、解决方案文件。

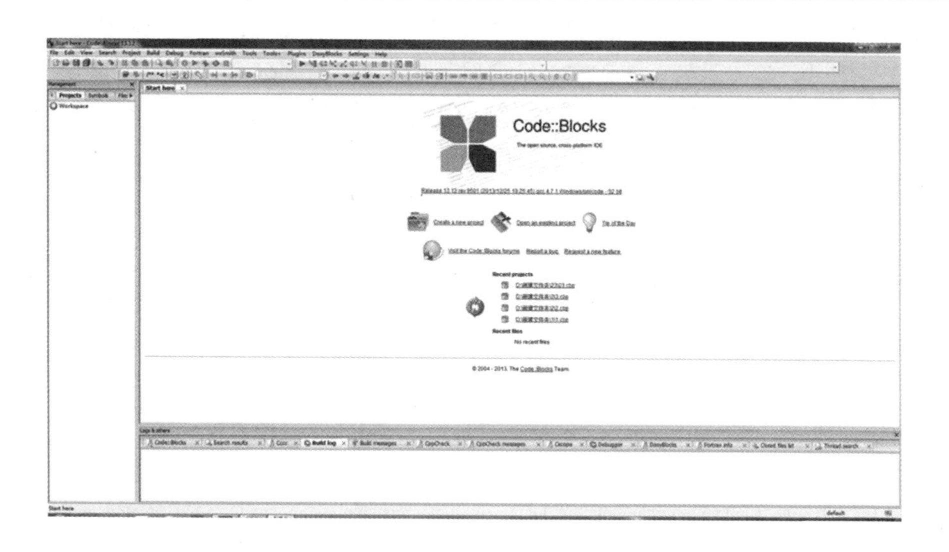

图 1-7 Code::Blocks 主界面

下面我们展示利用 Code::Blocks 创建项目、编辑程序、编译运行的过程。

（1）双击桌面上 Code::Blocks 图标，就能进入 CodeBlocks 集成环境，屏幕上就会出现 CodeBlocks 的主界面，如图 1-7 所示。在 CodeBlocks 主窗口的顶部是 CodeBlocks 的主菜单栏。其中包含 15 个菜单项：File(文件)、Edit(编辑)、View(查看)、Search(搜寻)、Project(项目)、Build(构建)、Debug(调试)、Fortran(公式翻译)、wxSmith(用来画界面的)、Tools+(工具)、Plugins(插件)、DoxyBlocks()、Settings(设定)和 Help(帮助)。以上各项在括号中的内容是 CodeBlocks 菜单的中文含义。 主窗口左侧是项目工作管理区域，右侧是程序编辑窗口。工作管理区域用来显示所设定工作区的信息和所有子程序，程序编辑窗口用来输入和编辑源程序。图 1-8 显示内容的是你近期所编辑的程序，可以快速找到并点击打开最近编写的程序。

Recent projects

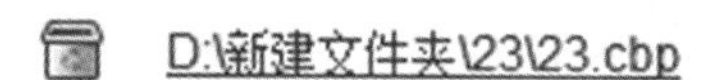
D:\新建文件夹\23\23.cbp

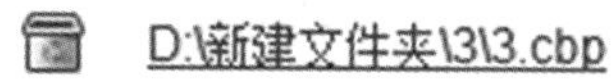
D:\新建文件夹\3\3.cbp

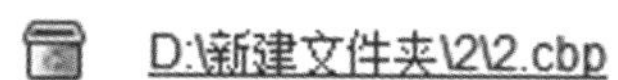
D:\新建文件夹\2\2.cbp

D:\新建文件夹\1\1.cbp

Recent files

No recent files

图 1-8　最近编辑的项目

（2）创建一个新项目：单击主窗口中间的这个按钮 Create a new project(创建一个新项目)然后会弹出一个窗口如图 1-9 所示。窗口列出了 Code::Blocks 支持的程序模板。对应初学者，我们选择 Console application（控制台应用程序）。

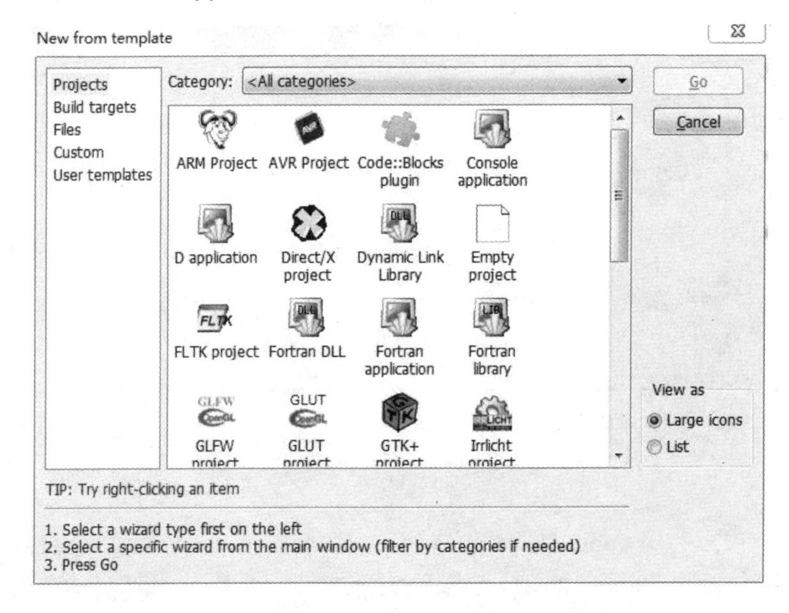

图 1-9 选择项目类型 Console application

选择 Console application(控制台应用程序)后，我们要选择开发所用的编程语言 C，如图 1-10 所示。

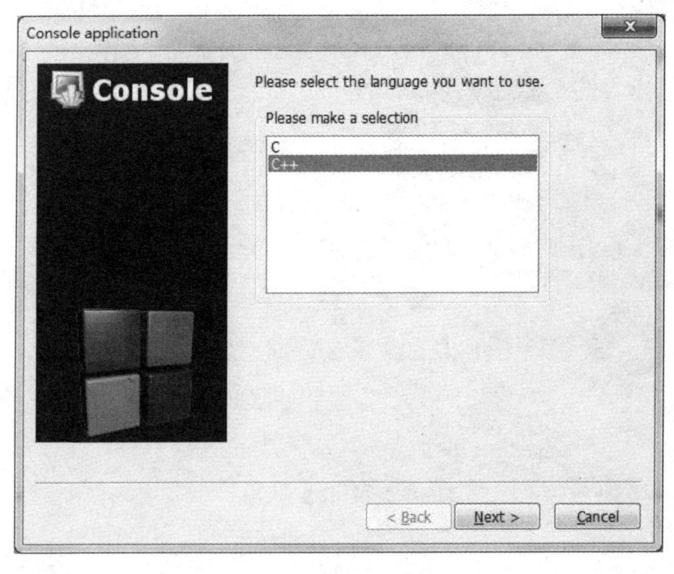

图 1-10 选择编程语言

我们可以根据自己的需要选择 C 或者 C++。如果选择 C 并点击 Next(下一步)，会出现项目信息设置界面，如图 1-11 所示。

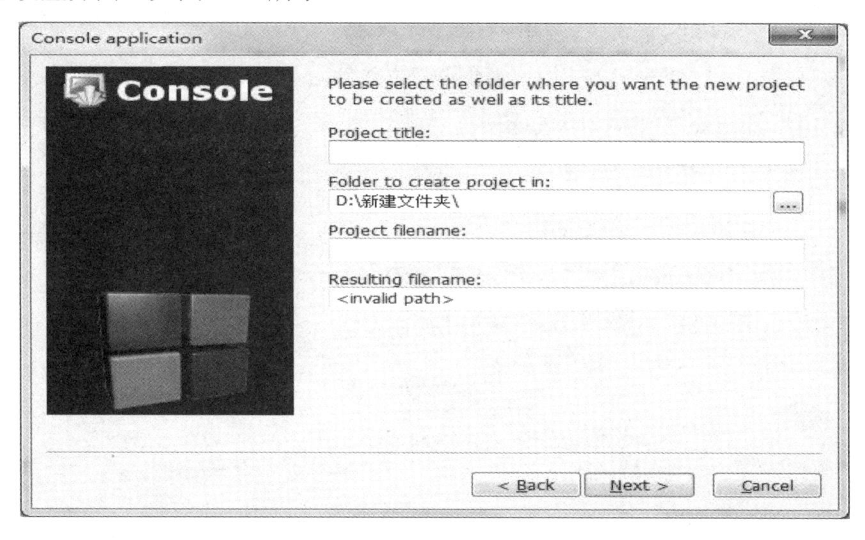

图 1-11 设置项目位置和名字

Project title(项目名字)，按自己的意向自己定一个简单的名字(比如 first)。

Folder to create project in(选择此程序的保存路径)，可以通过点击后面的省略号来选择程序的保存路径。

Project filename(程序文件名)：这个会根据你定的程序名字自己定义名字(如果程序名字为 first，此处为 first.cbp)。

Resulting filename(最终的文件名)：此处会带上程序的最终路径。

然后点击 Next(下一步)，进入编译器设置界面，如图 1-12 所示。

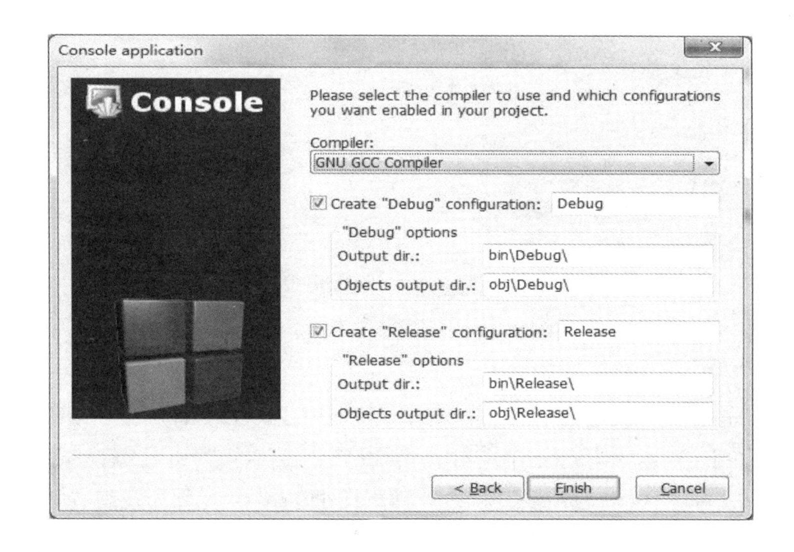

图 1-12 配置项目编译器

此时使用模式设置，不用任何改变，直接点击 Finish(完成)即可，一个项目就建立完成了。

（3）使用 Code::Blocks 编写程序

创建项目后，通过管理器可以看到项目中的文件信息，如图 1-13 所示。

左侧会出现你所建立的项目的名字如：first，下方有一个 sources(源程序)，双击这个 sources 会出现一个 main.c。

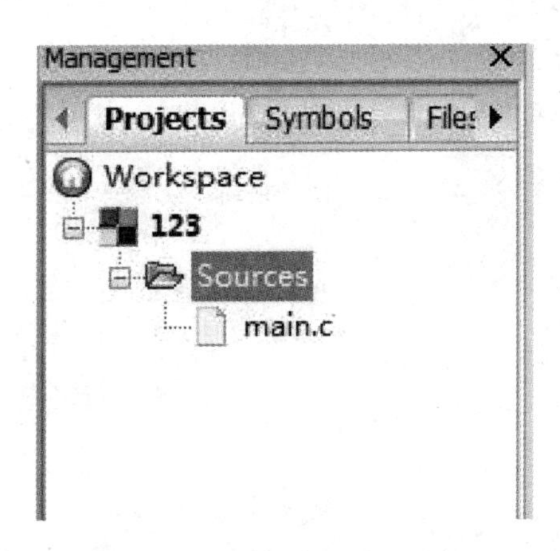

图 1-13 Code::Blocks 中的文件信息

main.c 即是我们编写或进一步完善代码的文件。双击这个 main.c 右侧窗口就会出现系统默认的源程序，如图 1-14 所示。

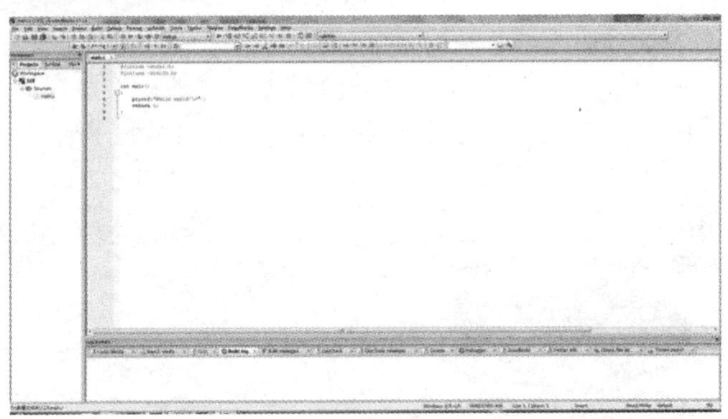

图 1-14 代码编辑窗口

此时看到的右方窗口就是编辑代码的窗口，我们可以在这个地方编写自己的 C 语言程序。

程序设计完成后，我们通过编译运行查看程序的执行效果。

菜单栏下面的工具栏有这三个图标，第一个按钮是编译按钮，它会将 C 语言的代码编译成目标代码，如果有语法错误，详细的错误信息会在编译信息中显示出来。

第二个是运行按钮，点击后会通过控制台显示程序的结果，如图 1-15 所示。第三个按钮(快捷键 F9)就是编译后运行。

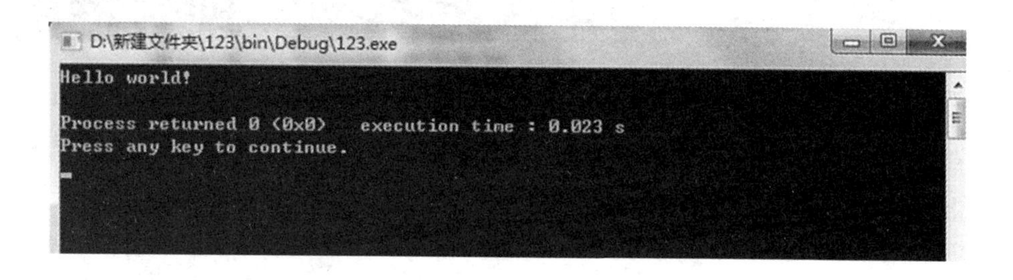

图 1-15 控制台显示程序运行结果

1.6 实战经验

（1）赋值问题，如在以往数学学习中我们将 x 与 y 的和赋给 a 时，用 x+y=a 表示;但是在 C 语言中表示为 a=x+y。在数学中=是表示等于的意思，而 c 语言中的=是指赋值。

（2）输入输出标识符问题，如输入 scanf 不能打成 scan，输出 printf 不能打成 print，注意编写程序的细节问题，一个字符都不能错。

（3）输入时，用 scanf("%d",&n);，不要遗漏'&'地址符，或"%d"占位符，或行结束标记“；”。

（4）头文件后面的.h 不能忘记。

（5）注意编写程序时不要将字母打错，区分大小写。

习题

1. 编写程序中输出“The C programming language!”
2. 给定两个整数 a=10，b=5，求出 a，b 的和并输出。
3. 在控制台用键盘输入两个整数 a，b，求 a，b 的和并输出。

第 2 章　使用数据类型实现数据的存储和处理

【教学目标】

1. 能够正确定义和使用常用数据类型(整型、实型、字符型等)的数据。
2. 能够正确使用 printf() 和 scanf() 进行各种常用类型数据的输入输出。
3. 掌握基本算术运算符（+、-、*、/、%等）的使用，了解其优先级与结合性。
4. 能够编写简单顺序结构程序。

【技能目标】

能使用基本数据类型、运算符与表达式编写简单的顺序结构程序，求解简单的数据存储、输入输出、数值运算问题。

【知识目标】

1. 数据类型、常量与变量。
2. 输入和输出。
3. 运算符。

【教学重点】

理解程序命令及语法的作用，在实例情境下，通过不同的语法命令实现数据的存储、输入和输出功能。

【教学情境】

学生的学号、年龄、成绩等信息能够输入到电脑中，还能对这些数据做进一步处理，比如把各项学生信息输出显示在电脑屏幕上，或者向电脑输入平时成绩和末考成绩后，程序就能计算出综合成绩并输出显示……。

下面的案例通过编写程序，基本实现了上述功能，详细功能如下：

（1）学生信息的存储、输入与输出功能：对一名学生的学号、年龄、性别、成绩等信息的输入和输出，功能的运行效果如图 2-1 所示。

（2）学生成绩的计算功能：录入一名学生的平时成绩和末考成绩，并根据平时成绩占 30%和末考成绩占 70%的原则，计算该生的期末综合成绩，功能的运行效果如图 2-2 所示。

假设学号和年龄可用任意整数表示，性别可用一个字符表示（F：女，M：男），成绩可用小数表示。

```
"C:\windows\system32\Debug\ex2_1.exe"
请输入学生学号：101
您输入的学号为：101
请输入学生年龄：19
您输入的年龄为：19
请输入学生性别：m
您输入的性别为：m
请输入学生成绩：98.5
您输入的成绩为：98.500000
Press any key to continue
```

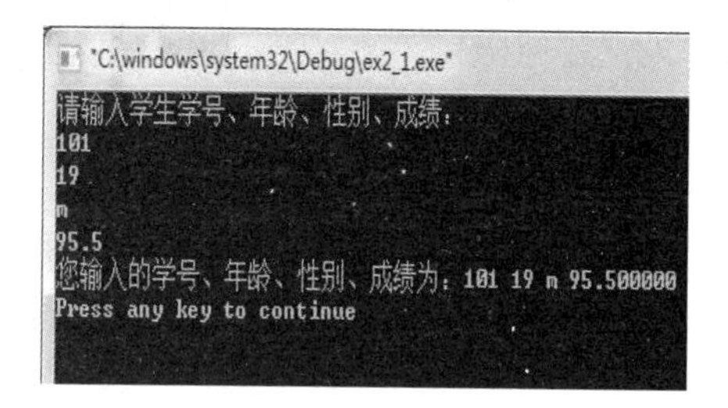

图 2-1　学生信息的存储（输入与输出功能进行界面）

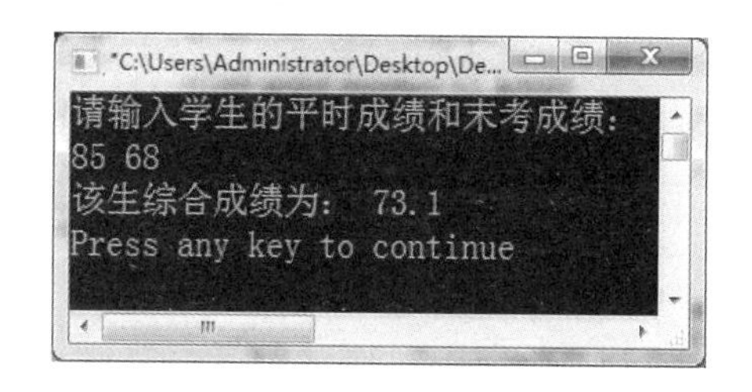

图 2-2 学生成绩的计算功能运行界面

上例主要包含对学号、年龄、性别、成绩等不同类型的数据信息的存储、输入、输出、成绩数据的计算功能，C 语言正好提供了实现相应功能的技术：

数据的存储技术：主要通过使用数据类型的常量与变量，实现对不同类型数据的存储功能。

输入与输出技术：主要使用输入输出命令，实现对不同类型数据的输入与输出功能。

数据的计算技术：主要使用各种表达式，实现多个同类型数据的计算功能。

以怎样的步骤编写程序，实现上例所要求的功能，从何入手？

提示：

① 先站在用户的角度思考此题所要求功能的运行过程，并分析运行过程中的每个小环节的要求（输入、存储、输出、计算）。

② 根据程序功能要求进行相应的知识储备。

③ 站在编程工作者的角度，如何编写正确的程序命令指挥计算机完成这些功能。

2.1 数据类型、常量与变量

2.1.1 数据类型

数据是程序的必要组成部分，也是程序处理的对象。数据类型表示数据的组织形式，以方便对不同种类数据进行存储等数据处理操作。

在高级语言中广泛地使用“数据类型”这一概念，C 语言规定，在程序中使用的每个数据都属于一种类型。C 语言提供有丰富的数据类型，这些类型如图 2–3 所示。

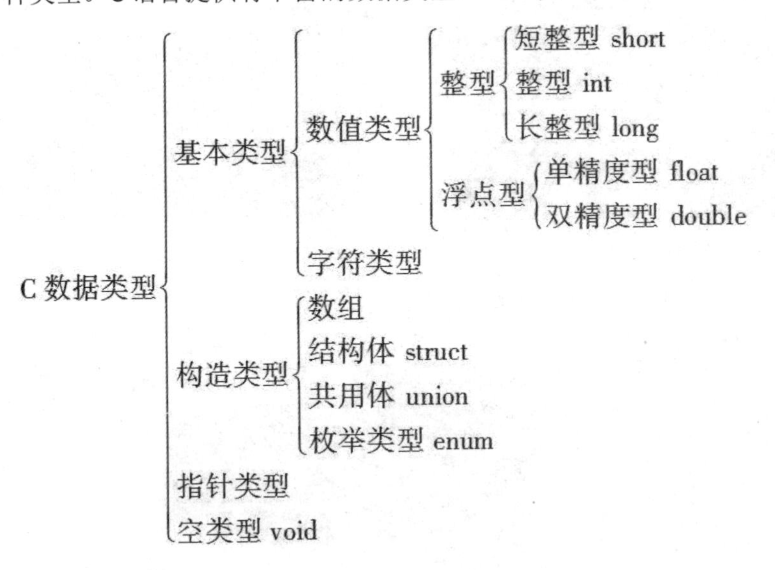

图 2-3　C 语言中的数据类型

基本数据类型：主要包含数值类型和字符类型，而数值类型又细分为整型和浮点型。基本数据类型最主要的特点是，其值不可以再分解为其他类型。也就是说，基本数据类型是自我说明的。

构造数据类型：构造数据类型是根据已定义的一个或多个数据类型用构造的方法来定义的。也就是说，一个构造类型的值可以分解成若干个“成员”或“元素”。每个“成员”都是一个基本数据类型或又是一个构造类型。在 C 语言中，构造类型有以下几种：

- 数组类型
- 结构体类型
- 共用体（联合）类型

指针类型：指针是一种特殊的，同时又是具有重要作用的数据类型。其值用来表示某个变量在内存储器中的地址。虽然指针变量的取值类似于整型变量，但这是两个类型完全不同的变量，因此不能混为一谈。

空类型：有一类函数，调用后并不需要向调用者返回函数值，这种函数可以称为“空类型”。其类型说明符为 void。在后面函数中还要详细介绍。

C 语言中数据有常量与变量之分，它们分别属于图 2-3 中的这些类型，此外，由图中的这些数据类型还可以构成更复杂的数据结构。例如利用指针和结构体类型可以构成表、树、栈等复杂的数据结构。

所谓数据类型，就是对数据分配存储单元的安排，包括存储单元的长度(占多少字节)以及数据的存储形式，不同的数据类型分配不同的长度和存储形式，学完 2.1 节，大家将会对这一点体会更深刻。

本章只介绍基本数据类型的使用知识，其余类型在以后各章中陆续介绍。

2.1.2 常量与变量

对于基本数据类型量，按其取值是否可改变又分为常量和变量两种。在程序执行过程中，其值不发生改变的量称为常量，其值可变的量称为变量。它们可与数据类型结合起来分类。例如，可分为整型常量、整型变量、浮点常量、浮点变量、字符常量、字符变量、枚举常量、枚举变量。

1. 常量和符号常量

在程序运行过程中，其值不能被改变的量称为常量，经常使用的常量如下：

（1）常用的常量(字面常量)：

- 整型常量：如 1000，12345，0，-345
- 实型常量：如 0.34，-56.79，0.0
- 字符常量：如'?'
- 转义字符：如'\n'
- 字符串常量：如"boy"

（2）标识符

标识符表示一个对象的名字，用来标识变量名、符号常量名、函数名、数组名、类型名、文件名的有效字符序列。C 语言规定标识符只能由字母、数字和下划线等 3 种字符组成，且第一个字符必须为字母或下划线。

- 合法的标识符：如 sum，average, _total, Class, day, BASIC, li_ling
- 不合法的标识符：M.D.John，￥123，＃33，3D64，a＞b

在 C 语言中，可以用一个标识符来表示一个常量，称之为符号常量。符号常量在使用之前必须先定义，其一般形式为：

#define 标识符 常量

其中，#define 是一条预处理命令（预处理命令都以“#”开头），称为宏定义命令，其功能是把该标识符定义为其后的常量值。一经定义，以后在程序中所有出现该标识符的地方均代之以该常量值。

习惯上符号常量的标识符用大写字母，变量标识符用小写字母，以示区别。

【例 2-1】常量的使用。

```
#include <stdio.h>
#define PI 3.14
int main()
{
    printf("Hello World\n\n");
    printf("Hello\tWorld\n\n");
    float r,area;
    r=10;
```

```
    area=PI*r*r;
    printf("%f",area);
    return 0;
}
```

提示：

① 符号常量与变量不同，它的值在其作用域内不能改变，也不能再被赋值。

② 使用符号常量的好处有两个：含义清楚，能够“一改全改”。

③ 符号常量的名字一般大写，建议大家一开始就注意培养良好的编程风格。

2. 变量

其值可以改变的量称为变量。一个变量应该有一个名字，在内存中占据一定的存储单元。变量可以为整型、实型、字符型等已定义数据类型。变量定义的一般形式为：

类型说明符　变量名标识符，变量名标识符，...；

例如：

```
int a,b,c;          //a,b,c 为整型变量
```

类型说明符可以是图 2-3 中的某一个数据类型的名称，变量名标识符可以自定义，但自定义的变量名要符合标识符命名规则。

变量定义必须放在变量使用之前。一般放在函数体的开头部分。要区分变量名和变量值是两个不同的概念，如图 2-4 所示。

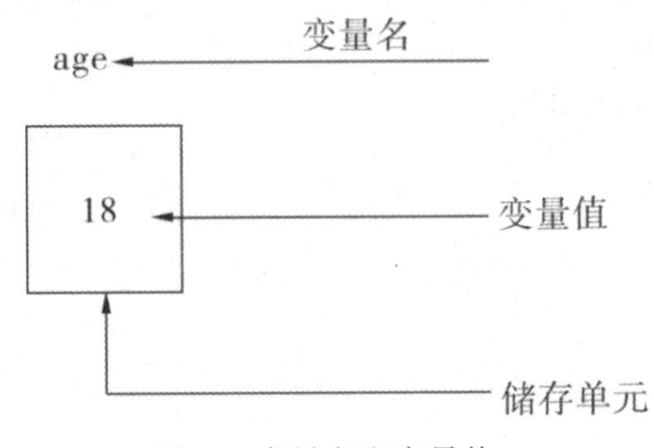

图 2-4 变量名和变量值

2.1.3 整型数据

1. 整型常量的表示方法

整型常量就是整常数。在 C 语言中，使用的整常数有八进制、十六进制和十进制三种。

十进制整常数：十进制整常数没有前缀。其数码为 0～9。例如：237、-568、65535、1627。

八进制整常数：八进制整常数必须以 0 开头，即以 0 作为八进制数的前缀。数码取值

为0～7。八进制数通常是无符号数。例如：015(十进制为13)、0101(十进制为65)、0177777(十进制为 65535)。

十六进制整常数：十六进制整常数的前缀为 0X 或 0x。其数码取值为 0~9，A~F 或 a~f。例如：0X2A(十进制为 42)、0XA0 (十进制为 160)、0XFFFF (十进制为 65535)。

在程序中是根据前缀来区分各种进制数的。因此在书写常数时不要把前缀弄错以免造成结果不正确。

整型常数的后缀：一般情况下，一个默认整型常数占用 2 个字节的存储空间，十进制无符号整常数的范围为 0～65535(即 0～(2^16-1))，有符号数为-32768～+32767（即-2^15～(2^15-1))。如果使用的数超过了上述范围，就必须用长整型数来表示。长整型数是用后缀“L”或“l”来表示的。

例如：十进制长整常数：158L (十进制为 158)、358000L (十进制为 358000)。

长整数 158L 和基本整常数 158 在数值上并无区别。但对 158L，因为是长整型量，C 编译系统将为它分配 4 个字节存储空间。而对 158，因为是基本整型，只分配 2 个字节的存储空间。因此在运算和输出格式上要予以注意，避免出错。

无符号数也可用后缀表示，整型常数的无符号数的后缀为“U”或“u”。例如：358u,0x38Au,235Lu 均为无符号数。

2. 整型变量

（1）整型变量的定义

变量定义语法：数据类型　变量名=值；

例如：int id; //定义了一个整型的变量，变量名为 id；int 为整型数据类型名

int id=1001; //定义整型变量 id 的同时，给 id 赋初值为 1001；

long x,y;//x,y 为长整型变量

unsigned p,q; //p,q 为无符号整型变量

在书写变量定义时，应注意以下几点：

①允许在一个类型说明符后，定义多个相同类型的变量。各变量名之间用逗号间隔。类型说明符与变量名之间至少用一个空格间隔。

②最后一个变量名之后必须以“；”号结尾。

③变量定义必须放在变量使用之前。一般放在函数体的开头部分。

（2）整型变量的分类

基本型：类型说明符为 int，在内存中占 2 个字节。

短整量：类型说明符为 short int 或 short。所占字节和取值范围均与基本型相同。

长整型：类型说明符为 long int 或 long，在内存中占 4 个字节。

无符号型：类型说明符为 unsigned。

无符号型又可与上述三种类型匹配而构成：

无符号基本型：类型说明符为 unsigned int 或 unsigned。

无符号短整型：类型说明符为 unsigned short。

无符号长整型：类型说明符为 unsigned long。

各种无符号类型量所占的内存空间字节数与相应的有符号类型量相同。但由于省去了符号位，故不能表示负数。

表 2-1 列出了 Visual C 6.0 中各类整型变量所分配的内存字节数及数的表示范围。

表 2-1 各类整型变量所分配的内存字节数及数的表示范围

类型说明符	数的范围	字节数
int	-32768～32767　　，即-2^{15}～（$2^{15}-1$）	2
unsigned int	0～65535　　，即 0～（$2^{32}-1$）	2
short int	-32768～32767　　，即-2^{15}～（$2^{15}-1$）	2
unsigned short int	0～65535　　，即 0～（$2^{16}-1$）	2
long int	-2147483648～147483647，即-2^{31}～（$2^{31}-1$）	4
unsigned long	0～4294967295　　，即 0～（$2^{32}-1$）	4

【例 2-2】整型变量的定义与使用。

```
#include <stdio.h>
int main()
{
    int a,b,c,d;
    unsigned u;
    a=12;b=-24;u=10;
    c=a+u;d=b+u;
    printf("a+u=%d,b+u=%d\n",c,d);
    return 0;
}
```

【例 2-3】整型数据的溢出。

```
#include <stdio.h>
int main()
{
    short int a,b;
    a=32767;
    b=a+1;
    printf("%d,%d\n",a,b);
    return 0;
}
```

C 语言如果 int 型数据占 2 个字节，定义 a=32767，输出 b=a+1，则显示器上显示-32768。有符号 int 型数据的取值范围是-32768～32767，2 个字节总共 16 位，第一位为符号位，正数的第一位为 0，负数则为 1，整数的取值最大是第一位为 0，其后的十五位全为 1，算过来也就是 32767，此整数最大值，加上 1 之后，第一位变为 1，其余十五位全为 0，转换成十进制数据就是 2 的 15 次方，因为第一位为 1，为负数，所以结果为负的 2 的 15 此方，也就是-32768。

提示：

①计算后的数据超出其数据类型的表示范围，这种情况就是数据溢出。

②上例是 int 类型数据（有符号数据）的上限溢出。

③请同学们仿照上例思考下限溢出的情况，以及无符号数据类型的数据溢出。

2.1.4 实型数据

1. 实型常量的表示方法

实型也称为浮点型。实型常量也称为实数或者浮点数。在 C 语言中，实数只采用十进制。它有二种形式：十进制小数形式，指数形式。

十进制数形式：由数码 0～9 和小数点组成。例如：0.0、25.0、5.789、0.13、5.0、300.、-267.8230。注意，必须有小数点。

指数形式：由十进制数，加阶码标志“e”或“E”以及阶码（只能为整数，可以带符号）组成。其一般形式为：

a E n（a 为十进制数，n 为十进制整数），其值为 $a*10^n$。

再如：2.1E5 (等于 $2.1*10^5$)、3.7E-2 (等于 $3.7*10^{-2}$)、0.5E7 (等于 $0.5*10^7$)、-2.8E-2 (等于 $-2.8*10^{-2}$)

标准 C 允许浮点数使用后缀。后缀为“f”或“F”即表示该数为浮点数。如 356.0f 和 356.是等价的。

【例 2-4】实型常量输出

```
#include <stdio.h>
int main()
{
      printf("%f\n ",356.);
      printf("%f\n ",356);
      printf("%f\n ",356.0f);
      return 0;
}
```

实型常数不分单、双精度，都按双精度 double 型处理。

2. 实型变量

（1）实型变量的分类

实型变量分为：单精度（float 型）、双精度（double 型）和长双精度（long double 型）三类。

在 Turbo C 中单精度型占 4 个字节（32 位）内存空间，其数值范围为-3.4E38～3.4E+38，只能提供七位有效数字。双精度型占 8 个字节（64 位）内存空间，其数值范围为-1.7E308～1.7E+308，可提供 16 位有效数字。表 2-2 列出了各类实型量所分配的内存字节数及数的表示范围。

表 2-2 各类实型量所分配的内存字节数及数的表示范围

类型说明符	比特数（字节数）	有效数字	数的范围
float	32（4）	6~7	$-3.4\times10^{38}\sim3.4\times10^{38}$
double	64(8)	15~16	$-1.7\times10^{308}\sim1.7\times10^{308}$
long double	128(16)	18~19	$-10^{-4931}\sim10^{4932}$

（2）实型变量定义

实型变量定义的格式和书写规则与整型相同。

例如：float score;// 定义了一个实型的变量，变量名为 score；float 为实型数据类型名。

float x,y; //x,y 为单精度实型量

double a,b,c; //a,b,c 为双精度实型量

实型数据的舍入误差：由于实型变量是由有限的存储单元组成的，因此能提供的有效数字总是有限的。如下例。

【例 2-5】实型数据的舍入误差。

```
#include <stdio.h>
int main()
{
    float a;
    double b;
    a=33333.33333;
    b=33333.333333333333;
    printf("%f\n%f\n",a,b);
    return 0;
}
```

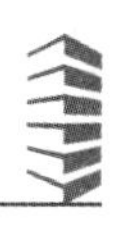

从本例可以看出，由于 a 是单精度浮点型，有效位数只有七位。而整数已占五位，故小数二位后之后均为无效数字。b 是双精度型，有效位为十六位。但 Turbo C 规定小数后最多保留六位，其余部分四舍五入。

2.1.5 字符型数据

字符型数据包括字符常量和字符变量。

1. 字符常量

字符常量是用单引号括起来的一个字符。例如：'a'、'b'、'='、'+'、'?'。

在 C 语言中，字符常量有以下特点：

- 字符常量只能用单引号括起来，不能用双引号或其他括号。
- 字符常量只能是单个字符，不能是字符串。
- 字符可以是字符集中任意字符。但数字被定义为字符型之后就不能参与数值运算。如'5'和 5 是不同的。'5'是字符常量，不能参与运算。

2. 转义字符

转义字符是一种特殊的字符常量。转义字符以反斜线"\"开头，后跟一个或几个字符。转义字符具有特定的含义，不同于字符原有的意义，故称“转义”字符。例如，在前面各例题 printf 函数的格式串中用到的“\n”就是一个转义字符，其意义是“回车换行”。转义字符主要用来表示那些用一般字符不便于表示的控制代码。常用的转义字符如表 2-3。

表 2-3 常用的转义字符及其含义

转义字符	转义字符的意义	ASCII 代码
\n	回车换行	10
\t	横向跳到下一制表位置	9
\b	退格	8
\r	回车	13
\f	走纸换页	12
\\	反斜线符"\"	92
\'	单引号符	39
\”	双引号符	34
\a	鸣铃	7
\ddd	1～3 位八进制数所代表的字符	
\xhh	1～2 位十六进制数所代表的字符	

ASCII 码使用指定的 7 位或 8 位二进制数组合来表示 128 或 256 种可能的字符。标

准 ASCII 码也叫基础 ASCII 码，使用 7 位二进制数（剩下的 1 位二进制为 0）来表示所有的大写和小写字母，数字 0 到 9、标点符号，以及在美式英语中使用的特殊控制字符。

【例 2-6】转义字符的使用。

```
#include <stdio.h>
int main()
{
    int a,b,c;
    a=5; b=6; c=7;
    printf("   ab    c\tde\rf\n");
    printf("hijk\tL\bM\n");
    return 0;
}
```

3. 字符变量

字符变量用来存储字符常量，即单个字符。

字符变量的类型说明符是 char。字符变量类型定义的格式和书写规则都与整型变量相同。例如：

char sex;// 定义了一个字符类型的变量，变量名为 sex；char 为字符型数据类型名。

char a,b; // 定义了两个字符类型的变量，变量名分别为 a 和 b；

4. 字符数据在内存中的存储形式及使用方法

每个字符变量被分配一个字节的内存空间，因此只能存放一个字符。字符值是以 ASCII 码的形式存放在变量的内存单元之中的。如 x 的十进制 ASCII 码是 120，y 的十进制 ASCII 码是 121。对字符变量 a,b 赋予'x'和'y'值：a='x';b='y';实际上是在 a,b 两个单元内存放 120 和 121 的二进制代码。

所以也可以把它们看成是整型量。C 语言允许对整型变量赋以字符值，也允许对字符变量赋以整型值。在输出时，允许把字符变量按整型量输出，也允许把整型量按字符量输出。

整型量为二字节量，字符量为单字节量，当整型量按字符型量处理时，只有低八位字节参与处理。

【例 2-7】向字符变量赋以整数。

```
#include <stdio.h>
int main()
{
    char a,b;
```

```
    a=120;
    b=121;
    printf("%c,%c\n",a,b);
    printf("%d,%d\n",a,b);
    return 0;
}
```

本程序中定义 a、b 为字符型，但在赋值语句中赋以整型值。从结果看，a、b 值的输出形式取决于 printf 函数格式串中的格式符，当格式符为“c”时，对应输出的变量值为字符，当格式符为“d”时，对应输出的变量值为整数。

【例 2-8】字符变量运算。

```
#include <stdio.h>
int main()
{
    char a,b;
    a='a';
    b='b';
    a=a-32;
    b=b-32;
    printf("%c,%c\n%d,%d\n",a,b,a,b);
    return 0;
}
```

本例中，a、b 被说明为字符变量并赋予字符值，C 语言允许字符变量参与数值运算，即用字符的 ASCII 码参与运算。由于大小写字母的 ASCII 码相差 32，因此运算后把小写字母换成大写字母。然后分别以整型和字符型输出。

5. 字符串常量

字符串常量是由一对双引号括起的字符序列。例如："CHINA"，“C program”，"$12.5" 等都是合法的字符串常量。

字符串常量和字符常量是不同的量。它们之间主要有以下区别：

- 字符常量由单引号括起来，字符串常量由双引号括起来。
- 字符常量只能是单个字符，字符串常量则可以含一个或多个字符。

字符常量占一个字节的内存空间。字符串常量占的内存字节数等于字符串中字节数加 1。增加的一个字节中存放字符"\0" (ASCII 码为 0)。这是字符串结束的标志。

例如：

字符串 "C program" 在内存中所占的字节为：

C		p	r	o	g	r	a	m	0

字符常量'a'和字符串常量"a"虽然都只有一个字符，但在内存中的情况是不同的。

'a'在内存中占一个字节，可表示为：

a

"a"在内存中占二个字节，可表示为：

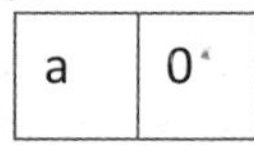

6. 数据类型、变量的进一步讨论

（1）**数据类型。**所谓类型，就是对数据分配存储单元的安排，包括存储单元的长度（占多少字节）以及数据的存储形式。

不同的类型分配不同的长度和存储形式。

（2）**变量。**变量就是在程序运行期间其值可以改变的量，在程序中使用广泛，是编程必备之基础。下面总结变量的使用知识。

①变量的定义

数据类型　变量名=变量值;

其中：数据类型可以是已定义的任何类型；变量名是用户自己命名的名字，唯一的要求是要符合标识符命名规则，尽量要见名知义；“=变量值”部分是可选项，要或不要都可以，具体差异请看后续内容“变量的赋值”。

也可以同时定义多个变量，语法如下：

数据类型　变量名 1=变量值 1, 变量名 2=变量值 2……变量名 n=变量值 n;

例如：float x=3.2,y=3f,z=0.75;

定义了 float 数据类型的 3 个变量：x，y，z，其值分别为：3.2，3.0，0.75。

②变量使用时应注意以下几点：

- 变量必须先定义，后使用。
- 定义变量时指定该变量的名字和类型。
- 变量名和变量值是两个不同的概念。
- 变量名实际上是以一个名字代表的一个存储地址。
- 从变量中取值，实际上是通过变量名找到相应的内存地址，从该存储单元中读取数据。

③变量的赋值

变量的赋值分为两种情况：a.在定义变量的同时，给变量赋初值；b.在变量定义之后，给变量赋值，这种情况下，可以多次给一个变量赋不同的值，变量的终值以最后那次的赋值为准。在程序中常常需要对变量赋初值，以便使用变量。

2.1.6 数据类型转换

数据类型转换实质上不同于数据类型的变量或常量之间的相互转换。类型转换的方法有两种，一种是自动转换，一种是强制转换。

（1）自动转换

自动转换发生在不同数据类型的量混合运算时，由编译系统自动完成。自动转换遵循以下规则：

- 若参与运算量的类型不同，则先转换成同一类型，然后进行运算。
- 转换按数据长度增加的方向进行，以保证精度不降低。如 int 型和 long 型运算时，先把 int 量转成 long 型后再进行运算。
- 所有的浮点运算都是以双精度进行的，即使仅含 float 单精度量运算的表达式，也要先转换成 double 型，再作运算。
- char 型和 short 型参与运算时，必须先转换成 int 型。

在赋值运算中，赋值号两边量的数据类型不同时，赋值号右边量的类型将转换为左边量的类型。如果右边量的数据类型长度比左边长时，将丢失一部分数据，这样会降低精度，丢失的部分按四舍五入向前舍入。

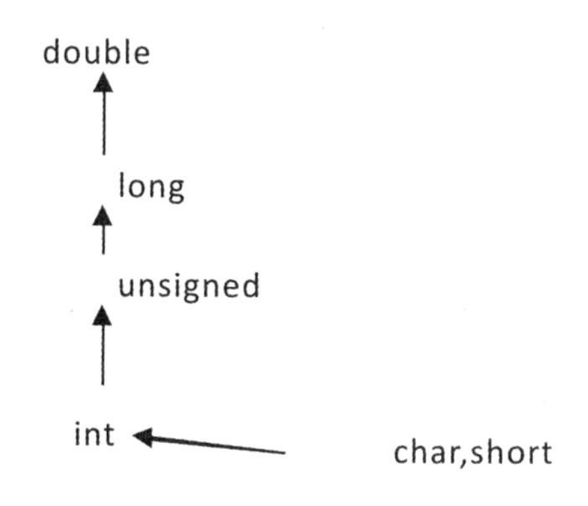

图 2-5 数据类型自动转换规则

【例 2-9】自动转换。

```
#include <stdio.h>
int main()
{
   float PI=3.14159;
   int s,r=5;
   s=r*r*PI;
   printf("s=%d\n",s);
```

```
    return 0;
}
```

本例程序中，PI 为实型；s，r 为整型。在执行 s=r*r*PI 语句时，r 和 PI 都转换成 double 型计算，结果也为 double 型。但由于 s 为整型，故赋值结果仍为整型，舍去了小数部分。

（2）强制类型转换

强制类型转换是通过类型转换运算来实现的。

其一般形式为：

(类型说明符)　(表达式)

其功能是把表达式的运算结果强制转换成类型说明符所表示的类型。

例如：

(float) a　　　把 a 转换为实型

(int)(x+y)　　把 x+y 的结果转换为整型

在使用强制转换时应注意以下问题：

类型说明符和表达式都必须加括号(单个变量可以不加括号)，如把(int)(x+y)写成(int)x+y 则成了把 x 转换成 int 型之后再与 y 相加了。

无论是强制转换或是自动转换，都只是为了本次运算的需要而对变量的数据长度进行的临时性转换，而不改变数据说明时对该变量定义的类型。

【例 2-10】强制转换。

```
#include <stdio.h>
int main()
{
    float f=5.75;
    printf("(int)f=%d,f=%f\n",(int)f,f);
    return 0;
}
```

本例表明，f 虽强制转为 int 型，但只在运算中起作用，是临时的，而 f 本身的类型并不改变。因此，(int)f 的值为 5(删去了小数)而 f 的值仍为 5.75。

2.2 输入与输出

输入输出是程序中最基本的操作之一，所谓输入输出是以计算机主机为主体而言的。**从计算机向输出设备(如显示器、打印机等)输出数据称为输出；从输入设备（如键盘、磁盘、光盘、扫描仪等）向计算机输入数据称为输入。**

C 语言本身不提供输入输出语句，输入和输出操作是由 C 标准函数库中的函数来实现的。printf 和 scanf 是 C 语言的库函数，提供 C 语言基本数据类型常量与变量的输入输出功能，还有 putchar、getchar、puts、gets 等库函数，实现字符和字符串的输入和输出功能。

注意：在使用输入输出函数时，要在程序文件的开头添加预编译指令：

#include <stdio.h>　或　#include "stdio.h"

2.2.1 输出操作

1. printf()输出语句

printf()函数是格式化输出函数，一般用于向标准输出设备按规定格式输出信息。在编写程序时经常会用到此函数。printf()函数的调用格式为：

printf("<格式化字符串>", <参量表>);

其中格式化字符串包括两部分内容：一部分是正常字符，这些字符将按原样输出；另一部分是格式化规定字符，以“%”开始，后跟一个或几个规定字符，用来确定输出内容格式。参量表是需要输出的一系列参数，其个数必须与格式化字符串所说明的输出参数个数一样多，各参数之间用“,”分开，且顺序一一对应，否则将会出现意想不到的错误。

例如：int i=10;

printf("i=%d",i);输出整型数据变量 i 的值。

printf("i=%d \n",i); 输出整型数据变量 i 的值后换行。

2. 常用格式字符

(1) d 格式符：用来输出一个有符号的十进制整数，可以在格式声明中指定输出数据的域宽：

printf("%5d\n",12);

上句命令指定以 5 个字符的宽度输出 12，12 只占用 2 个字符的宽度，其余的 3 个字符宽度将以空格填充。

%d 输出 int 型数据，%ld 输出 long 型数据。

(2) c 格式符：用来输出一个字符。例如：输出字符“a”的命令：

```
char ch='a';
printf("%c",ch);     或          printf("%5c",ch);
```

(3) s 格式符：用来输出一个字符串，例如输出一个字符串“CHINA”：

```
printf（"%s","CHINA"）;
```

(4) f 格式符。用来输出实数，以小数形式输出。

①不指定数据宽度和小数位数，用%f，只能得到 6 位小数，例如：

```
double a=1.0;
printf("%f\n",a/3);//0.333333
```

② 指定数据宽度和小数位数。用%m.nf

```
printf("%20.15f\n",1.0/3);//0.333333333333333
```

printf("%.0f\n",10000/3.0);//3333

③ 输出的数据向左对齐，用%-m.nf，仔细对比下面 2 句命令的输出结果的不同。

printf("%-20.15f\n",1.0/3);

printf("%20.15f\n",1.0/3);

注意：float 型数据只能保证 6 位有效数字。double 型数据能保证 15 位有效数字，计算机输出的数字不都是绝对精确有效的。

（5）e 格式符。指定以指数形式输出实数。

①%e，VC++给出小数位数为 6 位，指数部分占 5 列，小数点前必须有而且只有 1 位非零数字。

printf("%e",123.456);

输出：1.234560 e+002

② %m.ne，指定输出宽度。

printf("%13.2e",123.456);

输出：   1.23e+002   (前面有 4 个空格)

【例 2-11】格式化输出。

```
#include <stdio.h>
int main()
{
        int a=1234;
        double m=8888.8888;         //float 单精度型浮点数
        char c[20]="Hello,world!";

        printf("a=%d\n",a);        //a=1234
        printf("a=%2d\n",a);       //a=1234      超过 2 位，按实际输出
        printf("a=%6d\n",a);       //a=   1234   不足 6 位，右对齐

        printf("m1=%4.2f\n",m);     //宽度总共 4 位，小数两位，
        printf("m2=%9.6f\n",m);     //浮点数小数部分不足 6 位，右对齐
        printf("m3=%9.2f\n",m);
          //整数部分不足 6 位，右对齐；小数部分超过 2 位，四舍五入
        printf("c=%s\n",c);      //c=Hello,world!
        return 0;
  }
```

2.2.2 输入操作

scanf 函数称为格式输入函数，即按用户指定的格式从键盘上把数据输入到指定的变量之中。scanf 函数是一个标准库函数，它的函数原型在头文件"stdio.h"中。与 printf 函数相同，C 语言也允许在使用 scanf 函数之前不必包含 stdio.h 文件。

scanf 函数的一般形式为：

scanf("格式控制字符串", 地址表列);

其中，格式控制字符串的作用与 printf 函数相同，以%开始，以一个格式字符结束，中间可以插入附加的字符，但不能显示非格式字符串，也就是不能显示提示字符串。地址表列中给出各变量的地址。地址是由地址运算符"&"后跟变量名组成的，例如：&a、&b 分别表示变量 a 和变量 b 的地址。

例如：

（1）scanf("%f, %f,%f",&a,&b,&c)，从键盘读入 3 个实数，3 个实数在输入的时候用空格或换行隔开。

（2）scanf("a=%f,b=%f,c=%f",&a,&b,&c)，也是从键盘读入 3 个实数，但要求键盘输入的数据严格与格式控制字符串一致，只需把格式符换成实际的数值即可，例如：a=1.5,b=3.5,c=2.8

【例 2-12】输入数值数据

```
#include <stdio.h>
int main()
{
    int a,b,c;
    printf("input a,b,c\n");
    scanf("%d%d%d",&a,&b,&c);
    printf("a=%d,b=%d,c=%d",a,b,c);
    return 0;
}
```

数据在输入的时候用空格或换行隔开都可以。

【例 2-13】输入字符数据

```
#include <stdio.h>
int main()
{
    char a,b;
    printf("input character a,b\n");
```

```
    scanf("%c%c",&a,&b);
    printf("%c%c\n",a,b);
    return 0;
}
```

由于 scanf 函数"%c%c"中没有空格，输入 M　N，结果输出只有 M。而输入改为 MN 时则可输出 MN 两字符。

上述程序修改如下：

```
#include <stdio.h>
int main()
{
    char a,b;
    printf("input character a,b\n");
    scanf("%c %c",&a,&b);
    printf("\n%c%c\n",a,b);
    return 0;
}
```

本例表示 scanf 格式控制串"%c %c"之间有空格时，输入的数据之间可以有空格间隔。

2.2.3 字符数据的输入输出

putchar 函数从计算机向显示器输出一个字符，getchar 函数向计算机输入一个字符，具体使用方法参看下面 2 个例子。

【例 2-14】先后输出 BOY 三个字符。

解题思路：定义 3 个字符变量，分别赋以初值 B、O、Y，用 putchar 函数输出这 3 个字符变量的值。

```
#include <stdio.h>
int main ( )
{
    char a='B',b='O',c='Y';
    putchar(a);
    putchar(b);
    putchar(c);
    putchar ('\n');
    return 0;
```

```
}
```

putchar 的参数也可以是特殊字符或字符的 ASCII，例如：

- putchar（'\101'）　　(输出字符 A) ⊕
- putchar（'\''）　　　　(输出单撇号字符')

【例 2-15】从键盘输入 BOY 三个字符，然后把它们输出到屏幕。

解题思路：用 3 个 getchar 函数先后从键盘向计算机输入 BOY 三个字符，用 putchar 函数输出。

```
#include <stdio.h>
int  main ( )
{
    char a,b,c;
    a=getchar();
    b=getchar();
    c=getchar();
    putchar(a); putchar(b); putchar(c);
    putchar('\n');
    return 0;
}
```

printf()和 putchar()的区别：putchar( )函数只能用于单个字符的输出，且一次只能输出一个字符。而 printf()函数不仅能够输出单个字符，也能够输出字符串和其他数据类型的数据。

2.3 运算符与表达式

C 语言中运算符和表达式数量之多，在高级语言中是少见的。正是丰富的运算符和表达式使 C 语言功能十分完善。这也是 C 语言的主要特点之一。

C 语言的运算符可分为以下几类：

- 算术运算符:用于各类数值运算。包括加(+)、减(-)、乘(*)、除(/)、求余(或称模运算，%)、自增(++)、自减(--)共七种。
- 关系运算符:用于比较运算。包括大于(>)、小于(<)、等于(==)、 大于等于(>=)、小于等于(<=)和不等于(!=)六种。
- 逻辑运算符:用于逻辑运算。包括与(&&)、或(||)、非(!)三种。
- 位操作运算符:参与运算的量，按二进制位进行运算。包括位与(&)、位或(|)、位非(~)、位异或(^)、左移(<<)、右移(>>)六种。

- 赋值运算符:用于赋值运算，分为简单赋值(=)、复合算术赋值(+=,-=,*=,/=,%=)和复合位运算赋值(&=,|=,^=,>>=,<<=)三类共十一种。
- 条件运算符:这是一个三目运算符，用于条件求值(?:)。
- 逗号运算符:用于把若干表达式组合成一个表达式(,)。
- 指针运算符:用于取内容(*)和取地址(&)二种运算。
- 求字节数运算符:用于计算数据类型所占的字节数(sizeof)。
- 特殊运算符:有括号()，下标[]，成员(→，.)等几种。

下面重点介绍算数运算符、赋值运算符、逗号运算符以及与这些运算符相关的表达式。

2.3.1 算术运算符和算术表达式

1. 基本的算术运算符

- 加法运算符“+”：加法运算符为双目运算符，即应有两个量参与加法运算。如 a+b,4+8 等。具有右结合性。
- 减法运算符“-”：减法运算符为双目运算符。但“-”也可作负值运算符，此时为单目运算，如-x,-5 等具有左结合性。
- 乘法运算符“*”：双目运算，具有左结合性。
- 除法运算符“/”：双目运算具有左结合性。参与运算量均为整型时，结果也为整型，舍去小数。如果运算量中有一个是实型，则结果为双精度实型。
- 求余运算符(模运算符)“%”:双目运算，具有左结合性。要求参与运算的量均为整型。 求余运算的结果等于两数相除后的余数。

【例 2-16】除法运算以及容易出现的问题。

```
#include<stdio.h>
int main()
{
     printf("\n\n%d,%d\n",20/7,-20/7);
     printf("%f,%f\n",20.0/7,-20.0/7);
     return 0;
 }
```

本例中，20/7，-20/7 的结果均为整型，小数全部舍去。而 20.0/7 和-20.0/7 由于有实数参与运算，因此结果也为实型。

【例 2-17】求余运算。

```
#include<stdio.h>
int main()
{
```

```
    printf("%d\n",100%3);
    return 0;
}
```

本例输出 100 除以 3 所得的余数 1。

2. 算术表达式

算术表达式：用算术运算符和括号将运算对象（也称操作数）连接起来的、符合 C 语法规则的式子。例如：a+b、(a*2) / c、(x+r)*8-(a+b) / 7、++I、sin(x)+sin(y)、(++i)-(j++)+(k--)等。

【例 2-18】从屏幕中输入两个数，并计算这 2 个数的平均值。

```
#include<stdio.h>
int main()
{
    int a,b;
    int c;
    printf("输入 a,b 的值：");
    scanf("%d%d",&a,&b);
    c=(a+b)/2;
    Printf（"（%d+%d）/2 =%d\n",a,b,c）;
    return 0;
}
```

3. 自增、自减运算符

自增 1 运算符记为“++”，其功能是使变量的值自增 1。

自减 1 运算符记为“--”，其功能是使变量值自减 1。

自增 1，自减 1 运算符均为单目运算，都具有右结合性。可有以下几种形式：

①++i : i 自增 1 后再参与其他运算。

②- -i : i 自减 1 后再参与其他运算。

③i++ : i 参与运算后，i 的值再自增 1。

④i- - : i 参与运算后，i 的值再自减 1。

在理解和使用上容易出错的是 i++和 i--。特别是当它们出在较复杂的表达式或语句中时，常常难于弄清，因此应仔细分析。

【例 2-19】自增、自减运算符例子。

```
#include<stdio.h>
int main()
{
```

```
        int i=8;
        printf("%d\n",++i);        //输出 9
        printf("%d\n",--i);        //输出 8
        printf("%d\n",i++);        //输出 8
        printf("%d\n",i--);        //输出 9
        printf("%d\n",-i++);           //输出-8
        printf("%d\n",-i--);           //输出-9
        return 0;
    }
```

i 的初值为 8，第 2 行 i 加 1 后输出故为 9；第 3 行减 1 后输出故为 8；第 4 行输出 i 为 8 之后再加 1(为 9)；第 5 行输出 i 为 9 之后再减 1(为 8) ；第 6 行输出-8 之后再加 1(为 9)，第 7 行输出-9 之后再减 1(为 8)。

2. 3. 2 赋值运算符和赋值表达式

1．赋值运算符

简单赋值运算符和表达式：简单赋值运算符记为“=”。由“=”连接的式子称为赋值表达式。其一般形式为：

变量=表达式

例如：

```
x=a+b;
w=sin(a)+sin(b);
y=i+++--j;
```

赋值表达式的功能是计算表达式的值再赋予左边的变量。赋值运算符具有右结合性。因此 a=b=c=5 可理解为 a=(b=(c=5))。

在其他高级语言中，赋值构成的一个语句，称为赋值语句。 而在 C 中，把“=”定义为运算符，从而组成赋值表达式。 凡是表达式可以出现的地方均可出现赋值表达式。

例如，式子：x=(a=5)+(b=8)，它的意义是把 5 赋予 a，8 赋予 b，再把 a、b 相加，和赋予 x，故 x 应等于 13。

在 C 语言中也可以组成赋值语句，按照 C 语言规定，任何表达式在其未尾加上分号就构成为语句。因此如 x=8;a=b=c=5；都是赋值语句，

2．赋值时的类型转换

如果赋值运算符两边的数据类型不相同，系统将自动进行类型转换，即把赋值号右边的类型换成左边的类型。具体规定如下：

实型赋予整型，舍去小数部分。前面的例子已经说明了这种情况。

整型赋予实型，数值不变，但将以浮点形式存放，即增加小数部分(小数部分的值为

0)。

字符型赋予整型，由于字符型为一个字节，而整型为二个字节，故将字符的 ASCII 码值放到整型量的低八位中，高八位为 0。整型赋予字符型，只把低八位赋予字符量。

【例 2-20】赋值运算中类型转换。

```
#include<stdio.h>
int main()
{
    int a,b=322;
    float x,y=8.88;
    char c1='k',c2;
    a=y;
    x=b;
    a=c1;
    c2=b;
    printf("%d,%f,%d,%c",a,x,a,c2);
    return 0;
}
```

本例表明了上述赋值运算中类型转换的规则。a 为整型，赋予实型量 y 值 8.88 后只取整数 8。x 为实型，赋予整型量 b 值 322，后增加了小数部分。字符型量 c1 的 ASCII 码（107）赋予 a 变为整型，整型量 b 赋予 c2 后取其低八位成为字符型(b 的低八位为 01000010，即十进制 66，按 ASCII 码对应于字符 B)。

3．复合的赋值运算符

在赋值符“=”之前加上其他二目运算符可构成复合赋值符。如+=,-=,*=, /=,%=,<<=,>>=,&=,^=,|=。

构成复合赋值表达式的一般形式为：

变量　双目运算符=表达式

它等效于：

变量=变量 运算符 表达式

例如：

```
a+=5      等价于 a=a+5
x*=y+7    等价于 x=x*(y+7)
r%=p      等价于 r=r%p
a-=15     等价于 a=a-15
y/=2      等价于 y=y/2
```

复合赋值符这种写法，对初学者可能不习惯，但十分有利于编译处理，能提高编译效率并产生质量较高的目标代码。

2.3.3 逗号运算符和逗号表达式

在C语言中逗号“,”也是一种运算符，称为逗号运算符， 其功能是把两个表达式连接起来组成一个表达式，称为逗号表达式。

其一般形式为：

表达式 1，表达式 2

其求值过程是分别求两个表达式的值，并以表达式 2 的值作为整个逗号表达式的值。

【例 2-21】逗号表达式例子

```
#include<stdio.h>
int main()
{
    int a=2,b=4,c=6,x,y;
    y=(x=a+b),(b+c);
    printf("y=%d,x=%d",y,x); //输出 y=6,x=6
    return 0;
}
```

本例中，y 等于整个逗号表达式的值，也就是表达式 2 的值，x 是第一个表达式的值。对于逗号表达式还要说明两点：

逗号表达式一般形式中的表达式 1 和表达式 2 也可以又是逗号表达式。

例如：

表达式 1，(表达式 2，表达式 3)

形成了嵌套情形。因此可以把逗号表达式扩展为以下形式：

表达式 1，表达式 2，…表达式 n

整个逗号表达式的值等于表达式 n 的值。

程序中使用逗号表达式，通常是要分别求逗号表达式内各表达式的值，并不一定要求整个逗号表达式的值。

并不是在所有出现逗号的地方都组成逗号表达式，如在变量说明中，函数参数表中逗号只是用作各变量之间的间隔符。

C语言的运算符具有不同的优先级和结合性。在表达式中，各运算量参与运算的先后顺序不仅要遵守运算符优先级别的规定，还要受运算符结合性的制约，以便确定是自左向右进行运算还是自右向左进行运算。这种结合性是其他高级语言的运算符所没有的，因此也增加了C语言的复杂性。推荐一个减少运算符优先级和结合性负面影响的好办法，可以使用括号括起来优先计算的表达式。

2.4　情境案例的实现

2.4.1 编程思路

（1）先实现学生学号信息的数据存储、输入、输出功能，及时编译运行看效果。

（2）接着实现学生年龄信息的数据存储、输入、输出功能（同类型数据操作加以巩固）。

（3）再实现学生性别信息的数据存储、输入、输出功能（从与前 2 步相同的思路出发，学习新数据类型数据的使用方法）。

（4）最后实现学生成绩信息的数据存储、输入、输出功能（从与前 3 步相同的思路出发，学习新数据类型数据的使用方法）。

输入输出学号功能的具体实现思路如图 2-6，输入输出学生信息功能的具体实现思路如图 2-7。

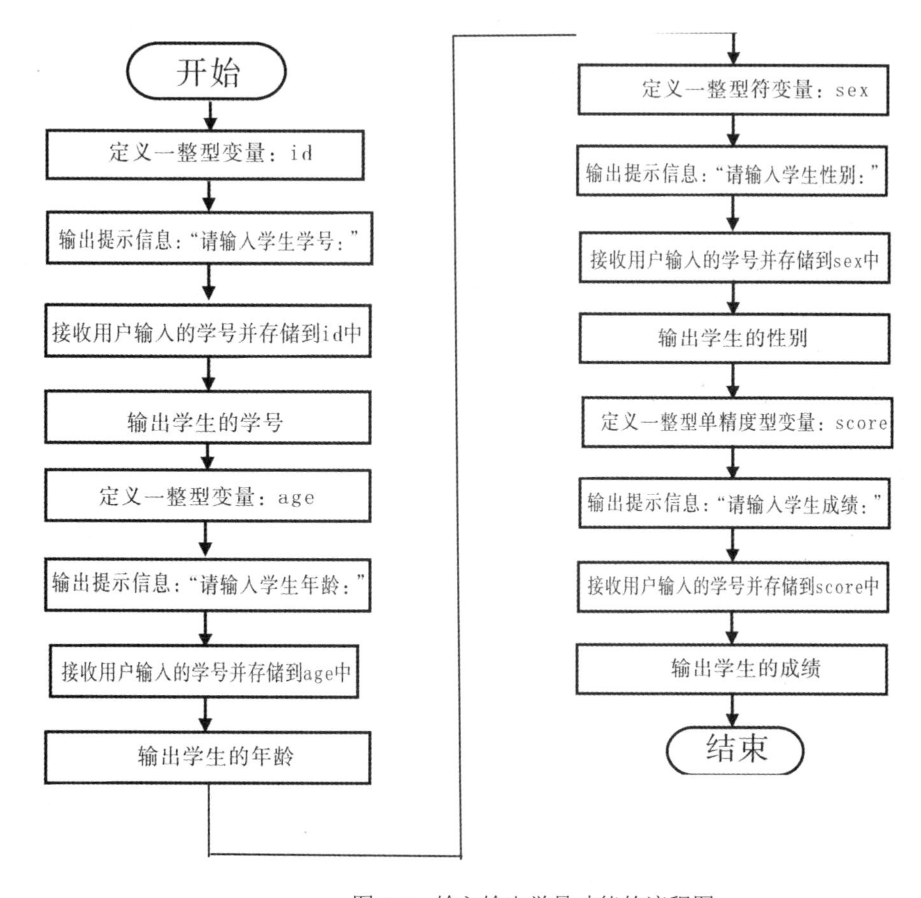

图 2-6　输入输出学号功能的流程图

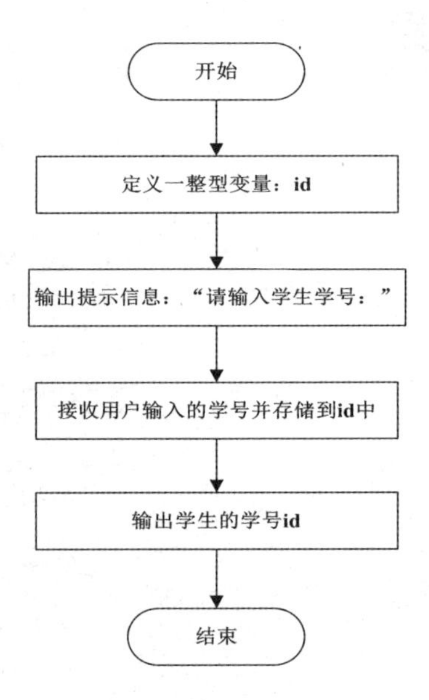

图 2-7 输入输出学生信息功能的流程图

2.4.2 代码编写

源代码 ex2-1.c 实现了学生学号的信息的数据存储、输入、输出功能，及时编译运行看效果。

ex2-1.c

```
#include <stdio.h>
int main()
{
    int id;//注释 1: 整型变量——定义
    printf("请输入学生学号：");//输出提示信息
    scanf("%d",&id);//注释: 整型变量——输入
    printf("您输入的学号为：%d",id);//注释: 整型变量—— 输出
    printf("\n");//输出换行
    return 0;
}
```

仿照上步中的学号信息数据存储、输入、输出功能的实现过程，进一步实现学生年龄、性别、成绩等信息的存储、输入和输出功能，代码如 ex2-2.cpp（扩展名为 cpp 时，允许在程序的中间而非只是在开始处定义变量），其运行效果如图 2-1 左图，同学们课外思考

图 2-1 右图效果的源代码，以达到对数据类型及输入输出的灵活使用。

ex2-2.cpp

```
#include <stdio.h>
#include<conio.h>
int main()
{
    int id;//整型变量—— 定义
     printf("请输入学生学号：");//输出提示信息
    scanf("%d",&id);//整型变量 ——输入
    printf("您输入的学号为：%d",id);//整型变量—— 输出
     printf("\n");//输出换行

    int age;// 整型变量——定义
     printf("请输入学生年龄：");//输出提示信息
    scanf("%d",&age);//整型变量 ——输入
    printf("您输入的年龄为：%d",age);// 整型变量——输出
     printf("\n");//输出换行

    char sex;//字符型变量 —— 定义
     printf("请输入学生性别：");//输出提示信息
     flushall();//清空输入缓冲区的数据
    scanf("%c",&sex);//字符型变量—— 输入
    printf("您输入的性别为：%c",sex);//字符型变量 —— 输出
     printf("\n");//输出换行
    float score;// 浮点型变量—— 定义
     printf("请输入学生成绩：");//输出提示信息
    scanf("%f",&score);// 浮点型变量—— 输入
    printf("您输入的成绩为：%f",score);//浮点型变量—— 输出
     printf("\n");//输出换行
     return 0;
}
```

2.4.3 课外拓展

修改上例，将成绩改用双精度类型（double），修改其对应的输入与输出功能，并设

置成绩输出总宽度为 5，1 位小数，运行结果如图 2-8。

"C:\Users\Administrator\Desktop\Debug\a.exe"
请输入学生学号、年龄、性别、成绩:
101 19 m 96.5
您输入的学号、年龄、性别、成绩为: 101 19 m 96.5
Press any key to continue

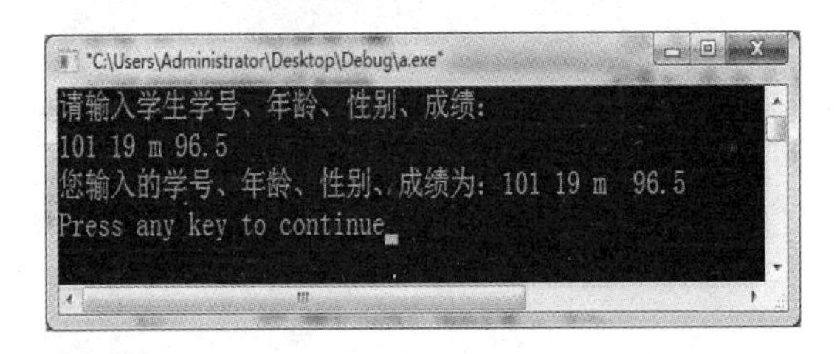

图 2-8　输入输出学生信息运行界面

完善上例，在同时输入 2 个人的如下 4 项信息后，格式化输出 2 个人的全部信息，并实现列对齐，效果如图 2-9。

"C:\Users\Administrator\Desktop\Debu...
请输入学生学号、年龄、性别、成绩:
99 18 m 8
请输入学生学号、年龄、性别、成绩:
100 20 f 98.5
您输入的学号、年龄、性别、成绩为:
99   18   m   8.0
100   20   f   98.5
Press any key to continue

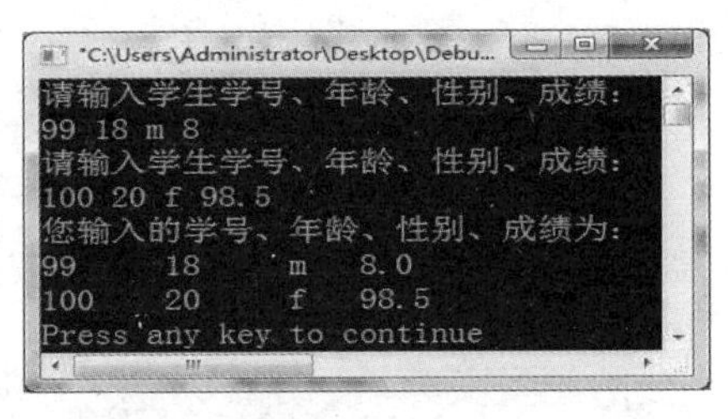

图 2-9　输入输出学生信息运行界面

2.5　拓展训练

【训练 1】计算器——运算符与表达式的使用

在日常生活中，我们经常用到计算器的功能。Windows 操作系统提供了一个图形界面的计算器供用户使用。现在我们用 C 语言开发一个字符界面的计算器，能够实现两个数的加减乘除取模运算。运行效果如图 2-10 所示。

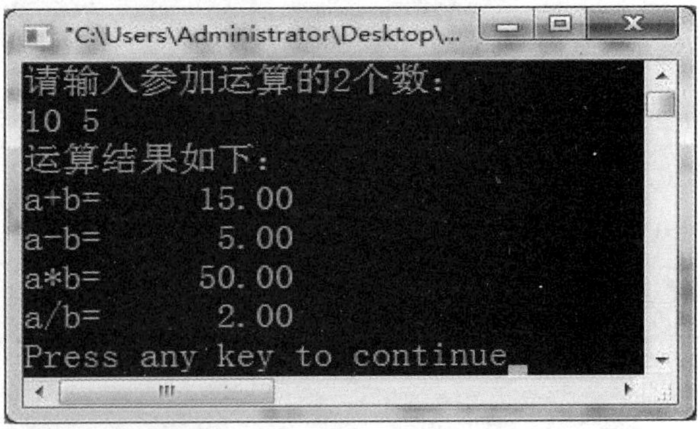

"C:\Users\Administrator\Desktop\...
请输入参加运算的2个数:
10 5
运算结果如下:
a+b=   15.00
a-b=   5.00
a*b=   50.00
a/b=   2.00
Press any key to continue

图 2-10　简单计算器运行界面

【代码编写】

ex2-3.c

```
#include <stdio.h>
int main()
{
float a=1.5, b=2.0,sum,sub,mul,div;
printf("请输入参加运算的 2 个数：\n");
scanf("%f%f",&a,&b);
sum=a+b;//计算两数之和
sub=a-b;//计算两数之差
mul=a*b;//计算两数之积
div=a/b;//计算两数之商
printf("运算结果如下：\n");
printf("a+b=%10.2f\n",sum);//输出两数之和
printf("a-b=%10.2f\n",sub);//输出两数之差
printf("a*b=%10.2f\n",mul);//输出两数之积
printf("a/b=%10.2f\n",div);//输出两数之商
return 0;
}
```

【课外拓展】：上例只实现了加减乘除功能，请查阅资料完成自加（++）、自减（--）、取模运算（%）、求平方根、求平方等其他数学运算功能。

【训练 2】计算圆柱体体积——常量与表达式的应用

已知上下底圆的半径和圆柱体的高，计算圆柱体的体积，要求圆周率 pi 定义为常量，计算所得的体积包含 2 位小数并以 10 位的总宽度显示。运行效果如图 2-11。

解题思路：

- 给上下底圆的半径和圆柱体的高赋值。
- 根据相关的求体积的公式计算体积。
- 输出体积。

图 2-11　计算圆柱体体积运行界面

【代码编写】

ex2-4.c

```
#include <stdio.h>
const float pi=3.14;
int main()
 {
 float r=2;           //上下底圆的半径
 float h=10;                          //圆柱体的高
 Printf（"vol=%10.2f，r*r*pi*h）；    //输出圆柱体的体积
 return 0;
 }
```

【训练 3】BMI 身体健康指数计算——数值运算与格式化输出

BMI 指数（即身体质量指数），是用体重千克数除以身高米数平方得出的数字，是目前国际上常用的衡量人体胖瘦程度以及是否健康的一个标准，当 BMI 指数为 18.5～23.9 时属正常。编写程序，提示用户输入以千克为单位的体重以及以米为单位的身高，输出 BMI。

运行效果如图 2-12 所示。

图 2-12　BMI 指数计算运行界面

【代码编写】

ex2-5.c

```
#include<stdio.h>
int main()
 {
    float h,w,bmi;     //身高、体重、bmi
    printf("请输入您的身高（米）：\n");
    scanf("%f",&h);
    printf("请输入您的体重（千克）：\n");
    scanf("%f",&w);
```

```
    bmi=w/(h*h);
    printf("您的 bmi：%5.1f\n", bmi);
    return 0;
}
```

【训练 4】密码的破解——字符运算

对于指定的字符，将其转换为整数，采用异或运算符进行加密和解密。

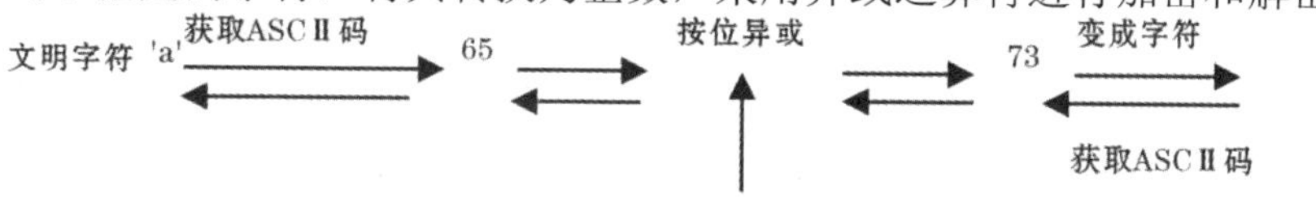

运行效果如图 2-13 所示。

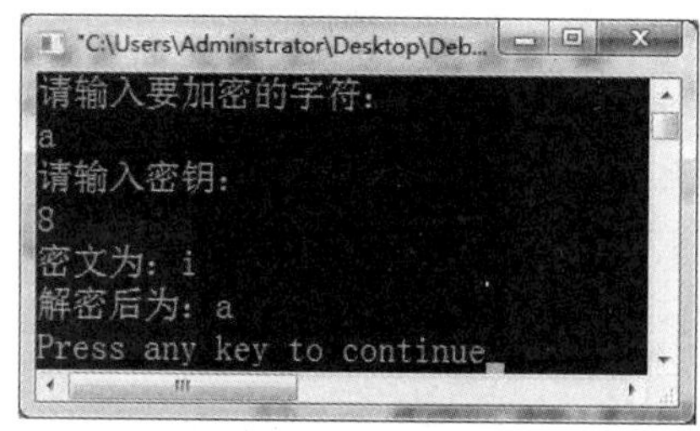

图 2-13　密码破解运行界面

^按位异或运算就是“不同为 1,相同为 0”

1^1=0，　0^1=1，1^0=1，　0^0=0

举个例子：3^5=?

先将运算数 3 和 5 转换成二进制：3=(0011)B ，5=(0101)B

```
   0011
^  0101
————
   0110
```

0110 的十进制数是 6，所以 3^5=6。

【代码编写】

ex2-6.c

```
#include <stdio.h>
int main()
 {
    int key;
    char ch1;                    //要加密的字符
```

```
        char ch2;                    //加密后的字符
        char ch3;                    //解密后的字符，其实就是原来的字符
        printf("请输入要加密的字符：\n");
        scanf("%c",&ch1);
        printf("请输入密钥：\n");
        scanf("%d",&key);
        ch2 = (char)((int)ch1 ^ key);
        printf("密文为：%c\n", ch2);
        ch3 = (char)((int)ch2 ^ key);
        printf("解密后为：%c\n", ch3);
        return 0;
    }
```

【课外拓展】

上例中的字符输入输出功能还可以用 getchar（）、putchar（）函数，同学们自行查阅资料并编程完成上例功能。

2.6 实战经验

（1）常量在程序运行过程中，其值是不能被改变的都改。

如下例中的 3

例如：

```
#include<stdio.h>
int main()
{
int a=2,b;
b=a+3;
printf( "%d" ,b);
return 0;
}
```

①字符常量：包括普通字符常量和转义字符常量。

②普通字符常量：用一个单撇号括起来的一个字符，例如：'ab','12'是非法的。

正确的应该是：'a','b','1','2','A','3'。

③转义字符常量：用斜杠加普通字符的形式表示，如：\n，换行符，放到 printf 命令中可使输出内容换行显示。

④符号常量：用#define 指令，指定用一个符号名称代替一个常量，且语句后面没有分号。

例如：“#define PI 3.141;”是非法的。

正确的应该是：“#define PI 3.141”。

例如，再写 PI=5;

是错误的，因为 PI 已经定义为符号常量，不能更改。

（2）字符串常量要用双引号。

例如：'boy','123'是非法的。

正确的应该是："boy","123"。

（3）变量必须“先定义，后使用”。

例如：a=3 是非法的。

正确的应该是：int a;a=3。

（4）常变量在程序运行过程中其值不能改变的变量。

例如：const float pi=3.1415926 是正确定义。

在该程序的后续命令中，将不能再次给 pi 赋值，如 pi=3.14 是不能通过程序编译的。

（5）标识符用来对变量、符号常量、函数、数组、类型等命名的有效有效字符序列。C 语言规定：标识符只能由字母、数字和下划线三种字符组成，而且第一个字符必须是字母或下划线。

例如：“12a”是非法的。

正确的应该是：“a12”。

（6）整型数据的分类。

①基本整型（int 型），占 2 或 4 个字节（由 C 编译系统自行分配）。

②短整型（short int），如果编译系统给 int 数据分配 4 个字节，短整型就是 2 个字节。

③长整型（long int），在 Visual C++6.0 中分配给 long 数据 4 个字节。

④双长整型（long long int），一般分配 8 个字节（C99 新增的类型）。

（7）实数是以指数形式存放在存储单元中的。一个实数只有一个规范化的指数形式。

例如：$0.314159*10^1$ 就是 3.14159 的规范化的指数形式。

（8）ASCII 字符集包括 127 个字符，其中的每个字符都对应一个 ASCII 码值，如字符‘A’的 ASCII 码是 65，字符 a 的 ASCII 码是 97。

（9）浮点型数据包括：float 型（单精度浮点型）占 4 个字节、double 型（双精度浮点型）占 8 个字节和 long double 型（长双精度型,不同的编译系统分配它不同的字节 16 或 8（Visual C++6.0））。

（10）两个实数相除的结果是双精度实型；两个整数相除的结果为整数，取整后向零靠拢（例如 9/6=1，9.0/6=1.5，5/3=1，-5/3=-1）;%运算符要求参加运算的运算对象（即操作数）为整数（如 8%3=2）；除%以外的运算符的操作数可以是任何算数类型。

（11）自增、自减运算符：作用是使变量的值加 1 或减 1，

例如：

++i,--i;(在使用 i 之前，先使 i 的值加（减）1)

i++,i--;(在使用 i 之后，先使 i 的值加（减）1)

注意：自增和自减运算符只能用于变量，而不能用于常量或表达式。

例如：5++是非法的，（a+b）++都是不合法的。

正确的应该是：i++;。

（12）不同类型数据间的混合运算

①+、-、*、/运算的两个数中有一个数为 float 或 double 型，结果是 double 型，因为系统将所有 float 型数据都先转化成 double 型，然后再进行运算。

②如果 int 型与 float 或 double 型数据进行运算，先把 int 型和 float 型转换成 double 型，然后再进行运算，结果是 double 型。

③字符型数据（char）与整型数据进行运算，就是把字符的 ASCII 代码与整型数据进行运算。例如：12+'a'=12+97=109。

（13）强制类型转换运算符

可以利用强制类型转换运算符将一个表达式转换成所需类型。

例如：

（double）a (将 a 转换成 double 类型)

（int）（x+y）（将 x+y 的值转换成 int 型）

（float）（5%3）（将 5%3 的值转换成 float 型）

其一般形式为：

（类型名）（表达式）

注意：表达式要用括号括起来。如果写成（int）x+y;

则是将 x 转换成 int 型再与 y 相加。

（14）每个语句的后面分号不能漏写。

例如：a=34 是非法的。

正确的应该是："a=34;"。

（15）注意"="是赋值运算符；"=="是关系运算符。"="的左边不能做运算。

例如：b+c=a;是不合法的，a=b+c;是合法的。如果想表达 a 等于 b 时要使用"=="，而不能使用"="。

例如：if（a=b）是非法的

正确的应该是:if（a==b）。

（16）凡在程序中要用到数学函数库中的函数，都应当包含"math.h"头文件，例如调用 pow()、sqrt()等数学函数库函数时，应当包含"math.h"头文件。

（17）用 printf()函数输出数据。

Printf()函数的一般格式为：

printf(格式控制，输出列表)；其中，格式控制符是没有地址符号的。

例如：printf（"%&d,%&c\n",a,b）;是非法的。

正确的是：printf（"%d,%c\n",a,b）;。

（18）格式控制

- d 格式符用来输出一个有符号的十进制整数。
- c 格式符用来输出一个字符。
- s 格式符用来输出一个字符串。

- f 格式符用来输出实数（包括单、双精度、长双精度）。

一个小数输出有几种方法：

1)基本型：%f。

2)指定数据宽度和小数位数：%m.nf(m 指定输出的数据占 m 列，其中小数占 n 列)；

3)输出的数据左对齐：%-m,nf。

（19）如果对几个变量赋予同一初值，不应该连写等号。

例如：int a=b=c=3;是非法的。

正确的是：int a=3,b=3,c=3;。

（20）用 scanf()函数输入数据要注意：

Scanf()函数中的“格式控制”后面应当是变量地址，而不是变量名。

例如：scanf（“%d”,a）;是不合法的，应写成 scanf（“%d”,&a）;。

如果在“格式控制字符串”中除了格式声明以外还有其他字符，则在输入数据时在对应的位置应输入与这些字符相同的字符。

例如：

scanf（“%d,%d,%d”,&a,&b,&c）;

在输入数据 a,b,c 的值时，应输入 1,2,3;而不是：1 2 3。

（21）注意：使用 scanf()函数输入数据时，在两个数据之间要插入一个空格（或其他分隔符），以使系统能区分两个数值。

（22）putchar()函数的参数是字符类型的，它的作用是输出字符，它不能接受整数参数。

例如 int a; getchar(a);是错误的。

正确的应该是：char a;getchar(a);。

（23）getchar 从计算机终端（键盘）输入一个字符，并且只能接收一个字符，想输入多个字符要用多个 getchar()。

（24）C 语言本身不提供输入输出语句，输入和输出操作是由 C 标准函数库中的函数来实现的。printf 和 scanf 这两个名字不是 C 语言的关键字，而只是库函数的名字，如果不定义包含库函数的头文件（#include<stdio.h>）,则不能使用这些函数。

（25）C 语言函数库中有一批“标准输入输出函数”，它是以标准的输入输出设备（一般为终端键盘和显示器）为输入输出对象的。

其中有：putchar（输出字符）、getchar（输入字符）、printf（格式输出）、scanf（格式输入）、puts（输出字符串）和 gets（输入 字符串）。

（26）应养成这样的习惯：

只要在本程序文件中使用标准输入输出库函数时，一律加上#include<stdio.h>指令。stdio 是 standard input&output（标准输入和输出）的缩写。文件后缀中“h”是 header 的缩写。

（27）C 语言是字符大小写敏感的语言，即变量 GOOD、good、Good、GooD 等是完全不同的 4 个变量。

例如：int GOOD; good=10;就是错误的因为你定义的是 GOOD 但是调用的是 good。

正确的应该是:int GOOD; GOOD=1。

习题

1. 矩形的面积和周长计算。

编写一个程序，通过下面的公式计算宽度为 4.5、高度为 7.9 的矩形的面积和周长，并进行输出。

2. 以千米每小时为单位的平均速度计算。

假设一个赛跑运动员在 45 分 30 秒内跑了 14 千米。编写一个程序，输出该运动员以千米每小时为单位的平均速度。

3. 金融应用：未来投资价值。

编写程序，读入投资数额、年利率、年数，输出未来投资价值，使用下面的公式：

未来投资价值=投资额*（1+年利率）*年数

例如，如果输入数额 1000，年利率 3.25%，年数 1，那么未来投资价值为 1032.5。

4. 美元和人民币兑换。

美元越来越贬值了，手上留有太多的美元似乎不是件好事。赶紧算算你的那些美元还值多少人民币吧。假设美元与人民币的汇率是 1 美元兑换 6.5573 元人民币，编写程序输入美元的金额，输出能兑换的人民币金额，输出保留 2 位小数。

5. 求圆的周长和面积。

输入圆的半径，求圆的周长和面积。

要求定义圆周率为如下宏常量#define PI 3.14159 输入半径 r 的值，为一实数。输出一行，包括周长和面积。数据之间用一个空格隔开，数据保留小数后面两位。

6. 圆柱体表面积。

输入圆柱体的底面半径 r 和高 h，计算圆柱体的表面积并输出到屏幕上。要求定义圆周率为如下宏常量#define PI 3.14159 输入两个实数，为圆柱体的底面半径 r 和高 h，输出一个实数，即圆柱体的表面积，保留 2 位小数。

7. 大写字母转换成小写字母。

输入一个大写字母，将其转变为小写字母并输出。

8. 用*号输出字母 c 的图案。

第 3 章　使用基本控制结构实现学生成绩的管理

【教学目标】

1. 掌握 if 语句及条件运算符的使用方法。
2. 熟练掌握 switch 语句的使用。
3. 熟练掌握 for 等三种循环语句的使用。
4. 掌握 break 及 continue 语句的使用方法。
5. 能够编写简单双重循环程序。

【技能目标】

能使用基本的控制结构编写简单程序，求解带条件分状况问题和重复操作类问题。通过实现学生成绩的分类处理掌握分支结构和循环结构的编程。

【知识目标】

1. if 条件运算符的使用方法。
2. switch 语句。
3. for、while、do while 三种循环语句。
4. break 及 continue 语句。

【教学重点】

实例情境下，将顺序、分支、循环三种控制结构的理论，通过不同的语法命令进行编程实现。

【教学情境】

计算成绩和判断成绩的等级是成绩处理工作中的主要内容，对一个学生的成绩进行计算和等级判断是不够的，如何计算多名学生的综合成绩和判断这些成绩的等级呢？

【案例】学生成绩处理

具体功能如下（运行效果见图 3-1）：

（1）录入一名学生的平时成绩和末考成绩，并根据平时成绩占 30%和末考成绩占 70%的原则，计算该生的期末综合成绩。

（2）判定该生期末综合成绩的类别：综合成绩>=60，及格；综合成绩<60，不及格。

（3）更详细地判定该生期末综合成绩的类别：

综合成绩>=90，优秀；

综合成绩>=80，良好；

综合成绩>=70，中等；

综合成绩>=60，及格；

综合成绩<60，不及格。

（4）实现对 5 名学生成绩的录入、综合成绩的计算和详细等级的判定。

【案例分析】

第 1 小题成绩信息的存储、计算、输入、输出功能，其实现可参照第 2 章的内容。

第 2 小题和第 3 小题判定成绩类别，实质上是把成绩分情况判定和处理，用分支结构解决此问题。

第 4 小题实现 5 名学生成绩的处理功能，实质上是一名学生成绩处理功能的 5 次重复工作，用循环结构解决此问题。

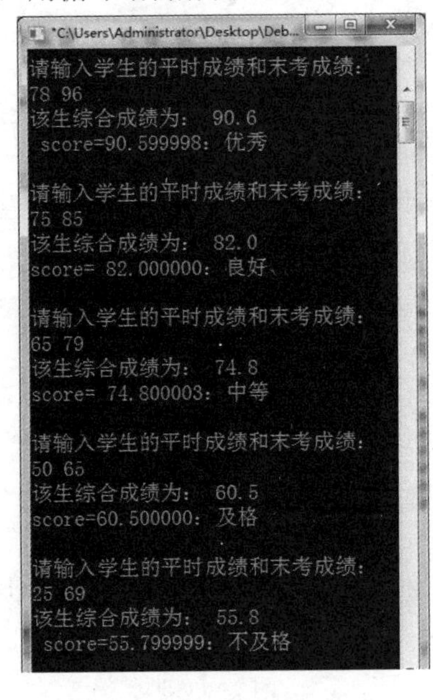

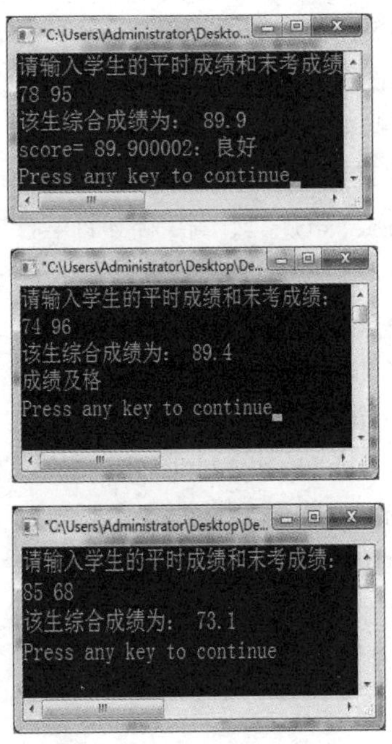

图 3-1　学生成绩处理运行界面

3.1 基本控制结构

3.1.1 基本控制结构

顺序、选择和循环是结构化程序的三种基本结构。结构化程序设计方法学说出现以后，大多数高级语言都提供这三种控制结构。

来看一个有趣的例子，这是一组相同的命令操作，只是这些命令的顺序不同，思考一下结果（a 的终值）一样吗：

```
int a=3;
a=a+3;
a=a*6;//a 的值为 36
```

改变上述命令的顺序，换一种流程来执行：

```
int a=3;
a=a*6;
a=a+3; //a 的值为 21
```

从上例发现，对同样的一组表达式语句，以不同的流程执行，可以得到不同的结果。因此，设计程序时不仅要设计合适的操作，而且要构造适当的流程。C 语言提供顺序、选择和循环 3 种流程控制语句。

C 语言的顺序结构程序：上例的程序就是典型的顺序结构的程序，各条语句的执行流程由语句书写的顺序决定，适用于顺序执行一系列任务的情形。

C 语言的选择结构程序：由 if 命令或 switch 命令实现，适用于分不同条件执行不同任务的情形。具体使用方法将在 3.2 节中详述。

C 语言的循环结构程序：由 while 命令或 for 命令或 Do-while 命令实现，适用于需要重复执行一些任务的情形，具体使用方法将在 3.3 节中详述。

3.1.2 顺序结构程序

按照语句的书写顺序依次执行的程序段称为顺序结构程序。数据的输入、输出、简单计算等都可由顺序结构程序完成。图 3-2 是顺序结构程序运行流程图。顺序结构程序设计常用的语句有：输入、输出语句、赋值语句、函数调用等。

【例 3-1】编程实现由键盘输入一个加法式，输出正确的结果（两个操作数均为整数）。

例如：键盘输入 20+10 输出 30，键盘输入-12+36 输出 24。

编程思路：随机输入两个数与运算符“+”，计算并输出结果。

```
#include <stdio.h>
int main()
{
    int a,b;
    char c;
    printf("输入 a,b,c 的值: ");    //输入 2+3
    scanf("%d%c%d",&a,&c,&b);
    printf("%d%c%d=%d\n",a,c,b,a+b);//输出 2+3=5
    return 0;
}
```

语句 1 → 语句 2 → … → 语句 n

图 3-2 顺序结构程序流程

【例 3-2】顺序结构程序：计算半径为 r 的圆面积、球体积。

```
#include <stdio.h>
#define    PI 3.1415926
```

```
int main()
{
        float r,s,v;
        scanf("%f",&r);
        s=PI*r*r;
        v=4.0/3.0*r*r*r*PI;      //计算球的体积
        printf("圆面积：%f",s);
        printf("球体积：%f",v);
        return 0;
}
```

3.2 分支结构程序

C 提供了实现分支结构功能的 if 和 switch 语句。If 语句可直接实现单分支结构、双分支结构的程序，switch 语句可实现多分支结构的程序，如图 3-3 所示。

分支结构程序可以解决现实世界中需要分情况处理的问题，比如当成绩大于等于 60 分，成绩及格，否则成绩不及格。分支结构的 C 语句让程序具有判断能力，进而可根据判断的不同结果转去执行不同的操作命令。

3.2.1 if 语句

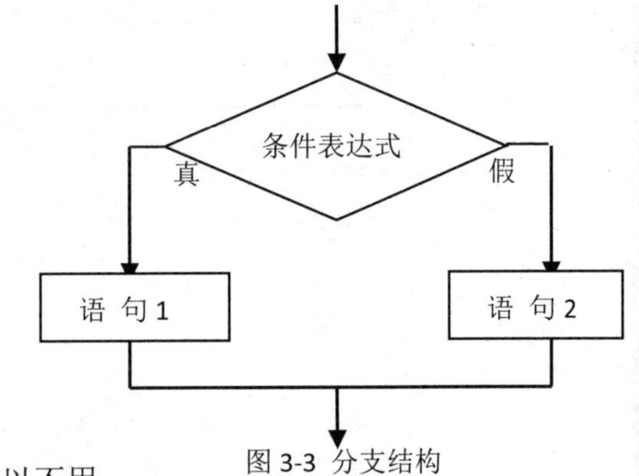

图 3-3 分支结构

1. 简单的 if 语句

if 语句的一般格式如下：

```
if (条件表达式)
        语句 1;
[else
        语句 2;]
```

方括号[]内的部分为可选部分，可以用，也可以不用。

功能：计算并判断条件表达式的值，若为真（非 0）执行 if 后面的语句，然后运行 if 语句下面的程序；若为假不执行该语句，直接运行 if 语句下面的程序。执行流程如图 3-3 所示。

例如：x=0，y=0，当 x 等于 y 时，输出字符串：x 等于 y。

if (x= =y) printf("x 等于 y");

因为 x 与 y 相等，条件表达式 x= =y 成立，即为真值（值为 1），所以 printf("x 等于 y");执行。

若误写成：if (x=y) printf("x 等于 y")；输出语句就不会执行，因为 x=y 是赋值表达式，

将 0 赋给 x，条件表达式(x=y)的值为 0，0 是假值，条件不成立，不执行输出语句。

【例 3-3】输入一个整数作为课程的成绩，若大于等于 60 则输出“及格”字样，否则输出“不及格”，若为 100，输出“满分”。

```
#include <stdio.h>
int main( )
{
    int s;
    scanf("%d",&s);
    if (s>=60&&s!100)            printf("及格\n");
    else                         printf("不及格\n")
    if (s==100)                  printf("满分\n");
    return 0;
}
```

语句 if (s>=60)　　printf("及格\n");也可以写成两行：

```
if (s>=60)
    printf("及格\n");
```

【例 3-4】给变量 x 和 y 输入任意整数值，判断 x 和 y 的大小，输出其中的较大者。

```
#include <stdio.h>
int main( )
{
    int x,y,t;
    scanf("%d%d",&x,&y);
    if (x>y)                  // 条件成立
    {
        printf("%d",x);
    }
    if (x<y)                  // 条件成立
    {
        printf("%d",y);
    }
    return 0 ;
}
```

x　y　t

图 3-4 判断 x 和 y

思考：如何让 x 存储 x 和 y 中的较大的数，y 存储 x 和 y 中的较小的数？

答案是当 x<y 时，交换 x 和 y 的值。要进行两个变量交换，必须借助第三个变量，t=x，x=y，y=t，如图 3-4 所示。若只执行语句 x=y; y=x;后 x 和 y 均保留了 y 的值，没有起到交换 x 和 y 的作用。

【例 3-5】计算分段函数 $y=\begin{cases}\sqrt{x} & x\geqslant 0\\ |x| & x<0\end{cases}$ 的值。

```
#include <stdio.h>
#include <math.h>        // 常用数学函数头文件
int main( )
{
    float x,y;
    scanf("%f",&x);
    if (x>=0)
       y=sqrt(x);                     // sqrt(x)求 x 的平方根
    else
       y=fabs(x);                     // fabs(x) 求 x 的绝对值
    printf("x=%f, y=%f",x,y);         // 该语句总是执行到
    return 0;
}
```

也可以将输出语句嵌入到分支内，但必须加花括号组成复合语句，否则会出现语法错误。

```
if (x>=0)
  {
      y=sqrt(x);
      printf("x=%f, y=%f",x,y);
  }
else
 {
      y=fabs(x);
      printf("x=%f, y=%f",x,y);
 }
```

2. 多分支 if 语句

格式：

```
if  (条件表达式 1)
      语句 1;
else if (条件表达式 2)
```

```
        语句 2;
          …
else if (条件表达式 n)
        语句 n;
[else
      语句  n+1; ]
```

功能：判断条件表达式 k（1，2……n+1），若为真，执行语句 k 并结束多分支 if 语句运行，若为假，继续判断下一条件表达式；若所有条件表达式均不成立，执行语句 n+1。语句执行流程如图 3-5 所示。

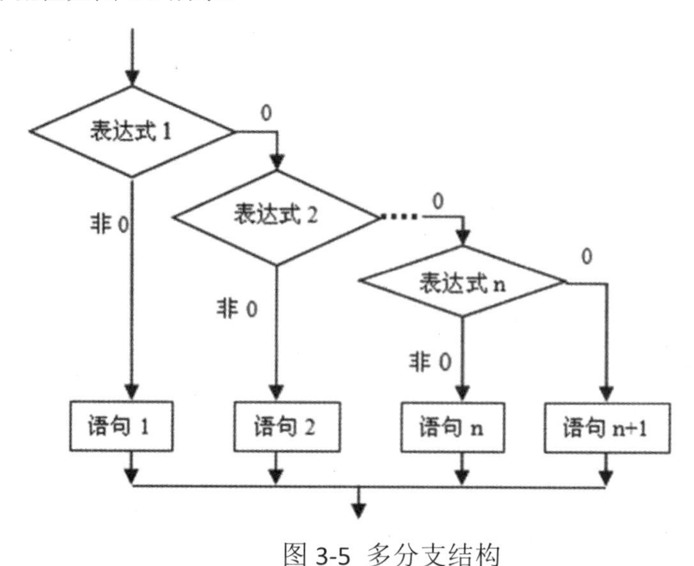

图 3-5 多分支结构

可见，多分支语句运行时，即使有多个条件满足，也只能执行先满足条件的那个分支。

【例 3-6】判断成绩的 5 个等级。

分析：程序运行时需要先输入成绩 s，然后根据 s 的值，利用多分支结构求出成绩的类型。程序如下：

```
#include <stdio.h>
int main( )
{
     float s=98;
     scanf("%f",&s);
     if (s<60)
```

```
                printf("不及格\n");
        else   //否则：隐含 S>=60
                if (s<70)
                        printf("及格\n");
                else   //否则：隐含 S>=70

                        if (s<80)
                                printf("中等\n");
                        else //否则：隐含 S>=80
                                if (s<90)
                                        printf("良好\n");
                                else //否则：隐含 S>=90
                                        if (s<100)
                                                printf("优秀\n");
        return 0;
}
```

编写多分支程序时，一定要注意 if 语句中判断条件的合理使用，以免存在潜在的错误。

分析本例的其他编写方法。

3. if 语句的嵌套

当问题比较复杂，判断条件比较多时，可能在 if 或 else 语句块中也使用到 if 语句，称这种使用方法为 if 语句的嵌套。例如：

```
if (条件 1)
    if (条件 11)   语句 11;    // 内嵌 if-else 语句，条件 1 和条件 11 满足时执行语句 11
    else 语句 12;                 // 条件 1 满足，条件 11 不满足时执行语句 12
else
    语句 2;                       // 条件 1 不满足时执行语句 2
```

上述程序段中语句“if (条件 11) 语句 11; else 语句 12; ”是嵌套在 if 块中的 if-else 语句。

该程序段的执行过程是：条件 1 和条件 11 都满足时执行语句 11，条件 1 满足条件 11 不满足时执行语句 12；条件 1 不满足时执行语句 2。

又如下列程序的输出结果为符号串：“x>y,y<z”。

```
#include <stdio.h>
void main( )
{   int x,y,z;
    x=5;y=2;z=3;
    if (x>y)                    //x=5，y=2 本条件成立，执行外层的 if—else 部分
        if(y>z)                 //y=2，z=3 本条不件成立，执行本层的 else 部分
```

```
            printf("x>y>z");
        else
            printf("x>y,y<z");
    else
        printf("x<=y");
}
```

注意：C 规定 else 始终与同一层中上面最接近的 if 配对。阅读下面的程序段：

```
if (x>0)              // 外层 if
    if (y>0)          // 内层 if
        printf("x 与 y 均大于 0");
    else
        printf("x 大于 0，y 小于 0");
else
    printf("x 小于 0，y 任意");
```

在这里，第一个 else 与 if (y>0)对应，第二个 else 与 if (x>0)对应。为便于阅读程序，在书写 if-else 嵌套程序时，建议采用层缩进格式。if-else 的配对原则不是由缩进格式决定，不论缩进与否都按上述原则配对，假如要改变上述配对原则，需要用花括号调整。例如：

```
if (x>0)
{                     //花括号改变了 if-else 的对应关系
    if (y>0)          printf("x 与 y 均大于 0");
}
else                  //与第 1 个 if 配对
    printf("x 小于等于 0，y 任意");
```

这里的 else 与 if (x>0)对应，而不是与 if (y>0)对应。

嵌套 if 语句和多分支 if 语句的区别：

多分支的 if 语句，只能执行先满足条件的那 1 个分支；而嵌套的 if 语句是一个 if 语句中嵌套另一个 if 语句，这 2 个 if 语句都会执行（满足条件的情况下），实现了多个选择的情况。例如下面两个例子：成绩 score 都是 65 分， if 嵌套语句例子中，输出成绩类型为中等，可见是 if 嵌套语句中的两个 if 语句条件都满足并都被执行了；多分支 if 语句中，输出成绩类型为及格，可见只执行了满足其条件 score>=60 的第一个 if 语句，虽然第 2 个 if 语句的条件也满足，但不会被执行。

if 嵌套语句例子：

```
float score;
score=65;
if (score>=60)
    if (score<70)
        printf("%s","成绩类型：中等");
```

运行结果如图 3-6。

图 3-6　if 嵌套语句例子结果

多分支 if 语句例子：

```
float score;
score=65;
if (score>=60)
      printf("%s","成绩类型：及格");
else   if (score<70)
      printf("%s","成绩类型：中等");
```

运行结果如图 3-7。

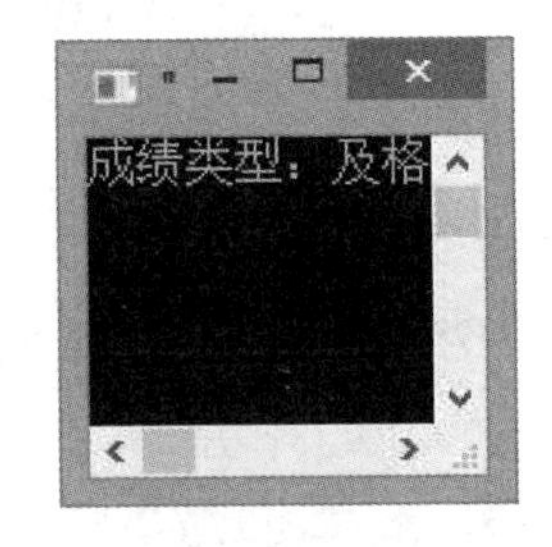

图 3-7 多分支 if 语句例子结果

3.2.2 switch 语句

C 提供了专门实现多分支结构的 switch 语句，该语句根据测试表达式的值决定执行分支结构中的哪一个分支。

格式：

```
switch (表达式)
   { case  常量表达式 1：语句组 1;
         [break;]
     case  常量表达式 2：语句组 2;
         [break;]
     …
     case  常量表达式 n：语句组 n;
         [break;]
     [default：语句组 n+1;]
}
```

语句中的 break 语句为可选项；测试表达式的类型要求与常量表达式类型一致，一般为整型或字符型；break 语句的功能是结束 switch 语句的运行。

switch 语句执行流程：先计算 switch 后测试表达式的值，然后自上而下顺序判断哪个 case 常量表达式的值与测试表达式的值相等，相等时的就执行对应的语句组，若该语句组中没有执行到 break 语句，就直接执行下一个语句组，直到执行到 break 语句时停止 switch 语句的执行，退出 switch 语句；若没有与测试表达式的值相等的常量表达式，则执行 default 中的语句组 n+1。当每一个语句组都有 break 语句时，switch 语句的执行流程如图 3-8 所示。

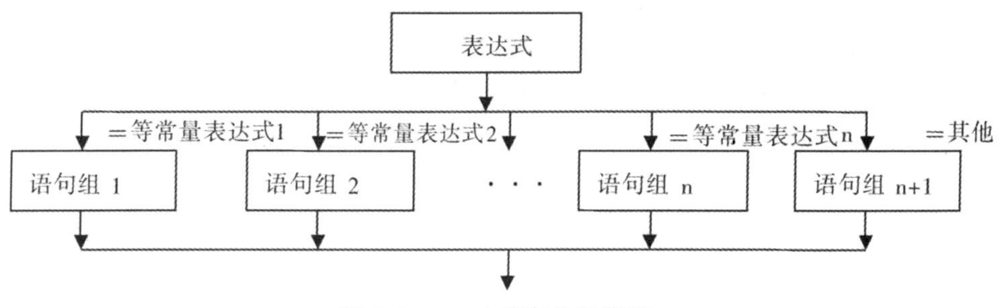

图 3-8　switch 语句执行流程

【例 3-7】输入 1 个成绩，判断该成绩所对应的等级。

```
#include <stdio.h>
int main()
{
    int score;//定义变量，存储成绩
    printf("请输入学生的成绩：\n");//输出提示信息
    scanf("%d ",&score);//输入平时成绩和末考成绩
    switch   (score/10)
    {
        case 10:   printf(" score=%d：优秀\n\n",score); break;
        case 9:    printf(" score=%d：优秀\n\n",score); break;
        case 8:    printf("score= %d：良好\n",score);   break;
        case 7:    printf("score= %d：中等\n",score);   break;
        case 6:    printf("score=%d：及格 \n",score);   break;
        default:   printf(" score=%d：不及格\n",score);
    }
    return 0;
}
```

一般来说，使用 switch 语句编写程序时，在满足程序功能要求的前提下，最好每一个 case 语句组都有一个 break 语句，迫使 switch 语句每次只执行一个语句组，这样，程序结构就更加清晰明了，符合结构化程序设计的思想，如例 3-7。

【例 3-8】阅读程序，进一步加深对 break 语句的理解；当 x 的输入值分别为 5、6 和 7 时，程序的运行结果分别是什么？

```
#include <stdio.h>
int main( )
{
```

```
        int x,y;
        scanf("%d",&x);
        switch (x%5)                    //测试表达式的值为求余运算的结果，但 x 不变
          {
             case   0:   y=x++;
                  printf("x=%d, y=%d \n",x,y);
             case   1:   y=++x;
                  printf("x=%d, y=%d \n",x,y);
                  break;
             case   2:   y=--x;
                  printf("x=%d, y=%d \n",x,y);
             case   3:   y=x--;
                  printf("x=%d, y=%d \n",x,y);
                  break;
            default:   printf("其他值\n");
          }
        return 0 ;
    }
```

分析可知：x 为 5 时，x%5 为 0，case　0 语句组执行，因该分支中没有 break 语句，所以继续执行下一个分支 case　1，当运行到 case 1 语句组中的 break 时，switch 语句结束执行。运行结果如下：

x 输入 5 时，x%5 值为 0，运行结果为：

x=6, y=5

x=7, y=7

x 输入 6 时，x%5 值为 1，运行结果为：

x=7, y=7

x 输入 7 时，x%5 值为 2，运行结果为：

x=6, y=6

x=5, y=6

3.2.3 关系表达式与逻辑表达式

1．关系运算符

- 用来对两个数值进行比较的比较运算符
- C 语言提供 6 种关系运算符：

① < （小于）	② <= （小于或等于）
③ > （大于）	④ >= （大于或等于）

优先级相同 (高)

⑤ == （等于）	⑥ != （不等于）

优先级相同 (低)

2．关系表达式

概念：用关系运算符将两个数值或数值表达式连接起来的式子。

● 用途与实例：判断条件;//成绩 f=98

f>=60; f<60

f<=100;　　f>0

f==100;　　f!=100

● 判断结果：

关系表达式成立，返回真值：1

关系表达式成立，返回假值：0

3．3 种逻辑运算符

● 并且：&&（逻辑与）

● 或者： ||（逻辑或）

● 不：!（逻辑非）

逻辑运算的真值表如表 3-1。

表 3-1 逻辑运算的真值表

a	b	! a	! b	a && b	a || b
真	真	假	假	真	真
真	假	假	真	假	真
假	真	真	假	假	真
假	假	真	真	假	假

4．逻辑表达式

● 概念：用逻辑运算符将关系表达式或其他逻辑量连接起来的式子。

● 用途：组合多个单一条件。

● 例子：

  ■ 成绩优秀的条件：成绩>=90,并且<100, // int f=98;

  ■ 成绩的值不合法：f<0 或者 f>100

● 使用实例：

  ■ 判断年龄在 13 至 17 岁之内:　　age>=13 && age<=17

  ■ 判断年龄小于 12 或大于 65: age<12 || age>65

逻辑表达式的值应该是逻辑量“真”或“假”。

编译系统在表示逻辑运算结果时：数值 1 代表“真”，以 0 代表“假”。

在判断一个量是否为“真”时：以 0 代表“假”，以非 0 代表“真”。

5．条件表达式

● 条件表达式的一般形式为

表达式 1 ？表达式 2：表达式 3

● 如：if (a>b)　　max=a;
　　　else　　　　max=b;

可写成条件表达式：max = (a > b) ? a : b; 或者 a>b ? (max=a):(max=b);

3.2.4 分支结构程序例子

【例 3-9】中招体育，女生立定跳远 1.5 m 及格，男生立定跳远 2.0 m 及格。输入一个学生的性别和成绩，输出该学生立定跳远是否及格？

编程思路：声明 2 个变量分别存放性别和跳远成绩，首先判断性别，在性别判断的 if 语句内部嵌套另一个 if 语句判断跳远成绩是否及格。

```
#include <stdio.h>
int main( )
{
        int a;    //代表性别：0 女，1 男
        float b;  //跳远成绩
        scanf("%d%f",&a,&b);
        if(a==0)   //a 为 0：代表女生
        {
           if(b>=1.5)       printf("及格");
           else             printf("不及格");
        }
        else
            if(a==1)    //a 为 1：代表男生
             {
                if(b>=2.0)   printf("及格");
                else         printf("不及格");
             }
        return 0;
}
```

【例 3-10】公司招聘——苹果平顶山分公司招聘软件工程师要求：性别，男，年龄 20 到 30 岁之间，身高 170 cm 以上，英语六级。输入一个学生的信息，输入该学生是否能被录用？

编程思路：声明 4 个变量分别存放性别、年龄、身高和英语等级，首先输入一个人的这四项信息，然后判断这个人是否同时满足这四项条件，四项条件的判断可用 if 语句包含 4 个同时满足的条件，也可写多个嵌套的 if 语句。

```
#include <stdio.h>
int main()
{
     char sex;//b 男，  g 女
     int age, height, english;
     scanf("%c%d%d%d", &sex, &age, &height, &english);
     if (sex == 'b' && height >= 170 )
         if (age >= 20 && age <= 30)
              if ( english == 6)
                     printf("符合录用条件！ ");
     return 0;
}
```

【例 3-11】编写程序，输入三角形的三边，判断它们是否构成三角形。若能构成三角形，指出是何种三角形，是等腰三角形、直角三角形、还是一般三角形。

编程思路：声明 3 个变量分别存放三角形的三边，声明一变量 flag 作为标志，根据算术法则判断三角形是哪种类型，当为等腰三角形或者直角三角形时将 flag 置为 1，否则不变，最后依据 flag 的值判定是否为一般三角形。

```
#include <stdio.h>
#include<math.h>
int main()
{
     double a,b,c,flag=0,temp=1e-2;//存放三角形的三边
     printf("输入三边 a,b,c:");
     scanf("%lf%lf%lf",&a,&b,&c);
     if(a+b>c&&a+c>b&&b+c>a)//如果任意两边之和大于第三边，a、b、c 构成三角形
     {
          if(a==b||b==c||a==c)
          {
               flag=1;
```

```
                printf("此三角形为等腰三角形\n");
            }
        if(fabs(a*a+b*b-c*c)<temp||fabs(a*a+c*c-b*b)<temp||fabs(c*c+b*b-a*a)<temp)
            {
                flag=1;
                printf("此三角形为直角三角形\n");
            }
            if(flag==0)
                printf("此三角形为一般三角形\n");
        }
        else
        {
            printf("无法构成三角形\n");
        }
        return 0;
    }
```

3.3 循环结构程序

循环结构可以解决现实世界中要反复执行某种功能的问题，例如，要输出 100 个数字，本质上是输出一个数字操作的 100 次重复工作。这种存在重复性操作的问题，适合采用循环结构语句编程实现。

C 语言中主要使用如下三种语句实现循环：

- while 语句；
- do-while 语句；
- for 语句；

3.3.1 while 语句

while 语句的一般形式：

```
while(表达式)
{
    语句序列;
}
```

while 语句最简单的情况为循环体只有一个语句：

```
while(表达式) 语句;
```

其中表达式是循环条件，语句序列为循环体。其执行过程是：先计算 while 后面圆括号内表达式的值，如果其值为真（非 0），则执行语句序列（循环体），然后再计算 while 后面圆括号内表达式的值，并重复上述过程，直到表达式的值为“假”（值为 0）时，退出循环，并转入下一语句去执行。While 循环的执行流程如图 3-9 所示。

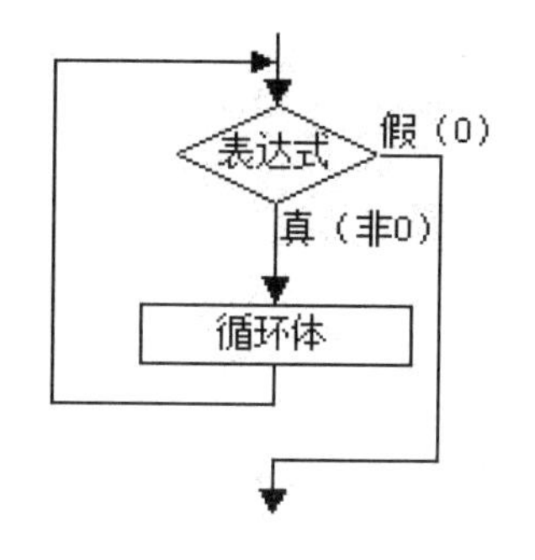

图 3-9　while 循环流程

使用 while 语句时，需注意如下几个问题：

（1）while 语句的特点是先判断表达式的值，然后根据表达式的值决定是否执行循环体中的语句，因此，如果表达式的值一开始就为“假”，则循环体将一次也不执行。

（2）当循环体由多个语句组成时，必须用左、右花括号括起来，使其形成复合语句。如：

```
while(x>0)
{
    s+=x;
    x--;
}
```

（3）为了使循环最终能够结束，而不至于使循环体语句无穷执行，即产生“死循环”。因此，每执行一次循环体，条件表达式的值都应该有所变化，这既可以在表达式本身中实现，也可以在循环体中实现。

【例 3-12】利用 while 语句，输出 1，2，…，30。

```
#include <stdio.h>
int main()
{
    int i=1;
    while(i < =30)
    {//循环体：重复操作的命令
        printf("%d ",i) ;
        i++;
    }
}
```

【例 3-13】利用 while 语句，编写程序，求 1+2+3+…+100 的值。

分析题目，可以看出是重复加法计算的问题，必须使用循环解决。

声明变量 sum（总和）和 i（1，2，…，100），首先使 sum 为 0，然后向 sum 总和中加上 1，再加上 2……，最后加上 100；结合循环的特点，设 i 为循环变量，其值从 1

变换到 100，循环体就是一次加法运算，将 i 的值加到 sum 总和中。整个流程如图 3-10 所示。

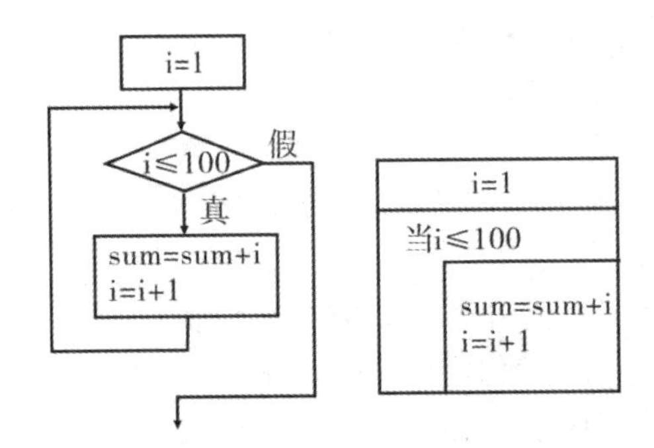

图 3-10 累加求和流程图

累加求和的源代码如下：

```
#include <stdio.h>
int main()
{
      int i=1, sum=0;           /*i 的初值为 1，sum 的初值为 0*/
      while(i<=100)              /*当 i 小于或等于 100 时执行循环体*/
      {
         sum=sum+i;               /*在循环体中累加一次，i 增加 1*/
         i=i+1;                   /*在循环体中 i 增加 1*/
      }
      printf("sum=%d\n",sum);
      return 0;
}
```

程序运行后的输出结果：

sum=5050

注意：

如果在第一次进入循环时，while 后圆括号内表达式的值为 0，循环一次也不执行。在本程序中，如果 i 的初值大于 100 将使表达式 i<=100 的值为 0，循环体不执行。

在循环体中一定要有使循环趋向结束的操作，以上循环体内的语句 i=i+1 使 i 不断增加 1，当 i>100 时循环结束。如果没有这一语句，则 i 的值始终不变，循环将无限进行。

在循环体中，语句的先后位置必须符合逻辑，否则将会影响运算结果，例如，若将上例中的 While 循环体改写成：

```
while(i<=100)
{     i++;              /*先计算 i++,后计算 sum 的值*/
      sum=sum+i;
```

```
    }
```

运行后，将输出：

```
    sum=5150
```

运行的过程中，少加了第一项的值 1，而多加了最后一项的值 101。

3.3.2 do-while 循环语句

do-while 循环结构的形式如下：

```
do
    语句序列（循环体）;
while(表达式);
```

如：

```
do
{
    i++;
    s+=i;
}   while(i<10);
```

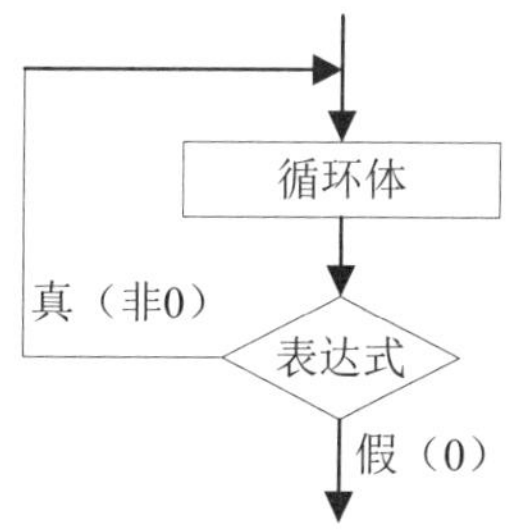

图 3-11 do-while循环流程图

说明：

do 是 C 语言的关键字，必须与 while 联合使用。

do-while 循环由 do 开始，用 while 结束。必须注意的是：在 while（表达式）后的“;”不可丢，它表示 do-while 语句的结束。while 后一对圆括号中的表达式，可以是 C 语言中任意合法的表达式。由它控制循环是否执行。

按语法，在 do 和 while 之间的循环体只能是一条可执行语句。若循环体内需要多个语句，应该用大括号括起来，组成复合语句。

do-while 循环的执行过程（如图 3-11 所示）：

（1）执行 do 后面循环体中的语句。

（2）计算 While 后面一对圆括号中表达式的值。当值为非零时，转去执行步骤 1；当值为零时，执行步骤（3）。

（3）退出 do-while 循环。

由 do-while 构成的循环与 while 循环十分相似，它们之间的主要区别是： while 循环结构的判断控制出现在循环体之前，只有当 while 后面表达式的值为非零时，才能执行循环体；在 do-while 构成的循环结构中，总是先执行一次循环体，然后再求表达式的值，因此，无论表达式的值是零还是非零，循环体至少要被执行一次。

和 while 循环一样，在 do-while 循环体中，一定要有能使 while 后表达式的值变为 0 的操作，否则，循环将会无限制的进行下去。

【例 3-14】输入一组同学的外语成绩，输入负数表示输入结束，求这些同学的平均成绩。

```
#include<stdio.h>
    int main ()
    {
        int i=0;
        float   s=0,sum=0;
        do
          {//循环体：重复操作的命令
                sum=sum+s;
                scanf("%f",&s);
                i=i+1;
          } while (s > 0);
        printf("平均成绩：%f\n",sum/(i-1)) ; //重复操作的命令
        return 0;
    }
```

【例 3-15】利用 do-while 语句，编写程序，求 1+2+3+…+100 的值。

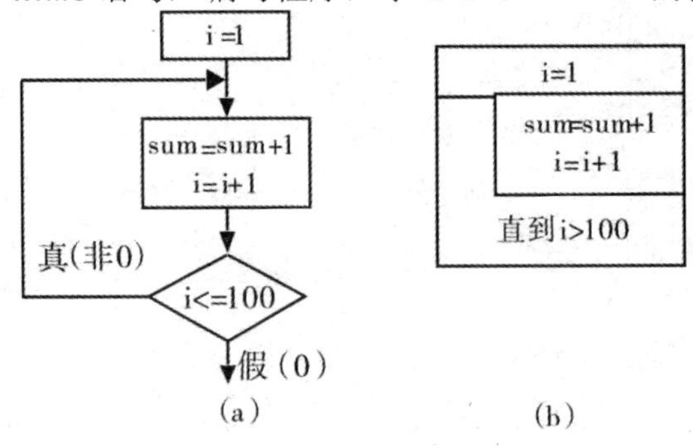

图 3-12 用 do-while 循环实现累加

根据 do-while 循环的结构，先画出流程图，见图 3-12（(a)是传统流程图，(b)是 N-S 图）。程序如下：

```
#include<stdio.h>
int main ()
{
   int i=1,sum=0;
   do
   {
      sum=sum+i;
      i=i+1;
   }while(i<=100);
```

```
    printf("sum=%d\n",sum);
  return 0;
    }
```

程序运行后的输出结果：

sum=5050

使用 do-while 语句应注意如下几个问题：

由于 do-while 语句是先执行一次循环体，然后再判断表达式的值。所以，无论一开始表达式的值为“真”还是为“假”，循环体中的语句都至少被执行一次，这一点同 while 语句是有区别的。

如果 do-while 语句的循环体部分是由多个语句组成的话，则必须用左、右花括号括起来，使其形成复合语句。

C 语言中的 do-while 语句是在表达式的值为真时重复执行循环体，这一点与别的语言中类似语句有区别，在程序设计时应引起注意。

【例 3-16】while 和 do-while 循环的比较

```
#include<stdio.h>
int main()
{
      int sum=0,i;
      scanf("%d",&i);
      while(i<=10)
      {
            sum=sum+i;
            i++;
      }
      printf("sum=%d\n",sum);
      return 0;
}
```

```
#include<stdio.h>
 int main()
{
    int sum=0,i;
    scanf("%d",&i);
     do
       {
              sum=sum+i;
              i++;
         }while(i<=10);
     printf("sum=%d\n",sum);
    return 0;
}
```

本例左半部分用 while 循环求 i 到 10 的连加和，i 的值由用户输入。右半部分用 do-while 循环实现相同的功能。当输入 i 的值小于或等于 10 时，二者得到的结果相同。例如，当输入的 i=1 时，用 while 结构和 do-while 结构得到的结果是都是 55；而当输入的 i 的值大于 10 时，二者得到的结果就不同了。例如，当输入的 i=15 时，用 while 结构得到的结果是 0；而用 do-while 结构得到的结果是 15。这是因为此时对 while 循环来说，一次也不执行循环体，而对 do-while 循环来说，则要执行一次循环体。由此可以得到结论：当 while 后面的表达式的第一次的值为“真”时，两种循环得到的结果相同。否则，两者结果不同（指两者具有相同循环体的情况）。

3.3.3 for 循环语句

1. for 语句的一般形式

for 语句构成的循环通常称为 for 循环。for 循环的一般形式如下：

for（表达式 1；表达式 2；表达式 3）

循环体；

例如：for(k=0;k<10;k++)

printf("*");　　　　//循环在一行上打印 10 个“*”号。

for 是 C 语言的关键字，其后的圆括号中通常含有 3 个表达式，各表达式之间用“；”隔开。这三个表达式可以是任意表达式，通常主要用于 for 循环的控制。紧跟在 for(...)之后的循环体，在语法上要求是一条语句，若在循环体内需要多条语句，应该用大括号括起来，形成复合语句。

for 循环的执行过程如图 3-13 所示：

（1）计算“表达式 1”。

（2）计算“表达式 2”，若其值为非零，则转步骤（3）；若其值为零，则转步骤（5）。

（3）执行一次循环体。

（4）计算“表达式 3”，然后转向步骤 2。

（5）结束循环，执行 for 循环之后的语句。

【例 3-17】请编写一个程序，计算半径为 0.5、1.5、2.5、3.5、4.5、5.5 mm 时的圆面积。

本例要求计算 6 个不同半径的圆面积，且半径的变化是有规律的，从 0.5 mm 开始按增 1 mm 的规律递增，可直接用半径 r 作为 for 循环控制变量，每循环一次使 r 增 1 直到 r 大于 5.5 为止。程序如下：

```
#include<stdio.h>
int main()
{
    float   r, s;
    float Pai=3.14159;
    for (r=0.5; r<6.0; r++)
    {
        s=Pai*r*r;          /*计算圆面积 s 的值*/
        printf("r=%3.1f   s=%5.2f\n", r, s);
    }
  return 0;
}
```

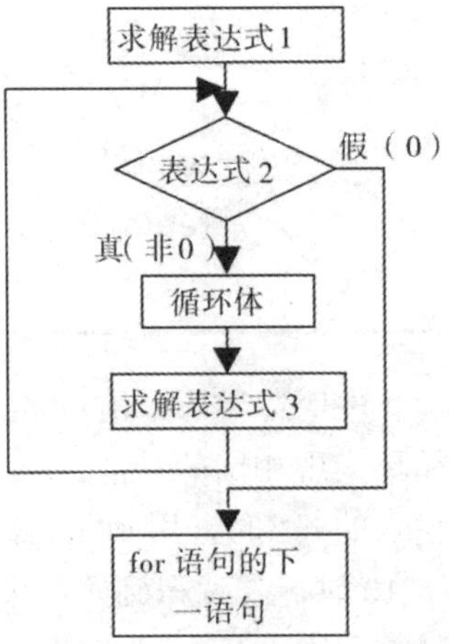

图 3-13　for 循环流程图

运行结果：

r=0.5　　s=0.79

r=1.5　　s=7.07

r=2.5　　s=19.63

r=3.5　　s=38.48

r=4.5　　s=63.62

r=5.5　　s=95.03

程序中定义了一个变量 Pai,它的值是 3.14159；变量 r 既用作循环控制变量又是半径的值，它的值由 0.5 变化到 5.5，循环体共执行 6 次当 r 增到 6.5 时，条件表达式“r＜6.0”的值为 0，从而退出循环。for 循环的循环体是个用花括号括起来的复合语句，其中包含两个语句，通过赋值语句把求出的圆面积放在变量 s 中，然后输出 r 和 s 的值。

【例 3-18】编写程序输出如图 3-14 的图形。

```
#include<stdio.h>
int main()
{
    int i,j;
    for(i=0;i<7;i++)
    {
        for(j=0;j<i;j++)
            printf("*");
        printf("\n");
    }
    return 0;
}
```

```
*
* *
* * *
* * * *
* * * * *
* * * * * *
* * * * * * *
```

图3-14 多行星星图案

由以上两个例子可以看出，for 语句最典型的应用形式，也就是最易理解的形式如下：

for（循环变量赋初值；循环条件；循环变量增值）

语句序列（循环体）；

例如：

```
for(i=1;i<=10;i++)
   printf("%d ",i); //依次输出 1，2，3……10
```

它相当于以下语句；

```
i=1;
while(i<=10)
{
    printf("%d ",i);
    i++;
```

```
            }
```

显然，用 for 语句简单、方便。对于以上 for 语句的一般形式也可以改写如下：

```
表达式 1;
while（表达式 2）
  {
      语句序列（循环体）;
      表达式 3;
  }
```

2.for 语句的几种灵活使用形式

for 语句的使用十分灵活，for 语句一般形式的灵活使用衍生出来多种其他形式，详细阐述如下：

(1) for（；表达式 2；表达式 3）

for 语句一般形式中的“表达式 1”可以省略，此时应在 for 语句之间前给循环变量赋初值。注意省略表达式 1 时，其后的分号不能省略。如

```
int i=1;
for(;i<=10;i++)
     printf("%d ",i);
```

执行时，跳过“求解表达式 1”这一步，其他不变。

(2)for（表达式 1；；表达式 3）

for 语句一般形式中的“表达式 2”可以省略，如果表达式 2 省略，即不判断循环条件，循环无终止地进行下去。也就是认为表达式 2 始终为真，见图 3-15。例如：

```
for(int i=1;;i++)
    printf("%d ",i);
```

它相当于：

```
int i=1;
while(1)
  {
    printf("%d ",i);
    i++;
  }
```

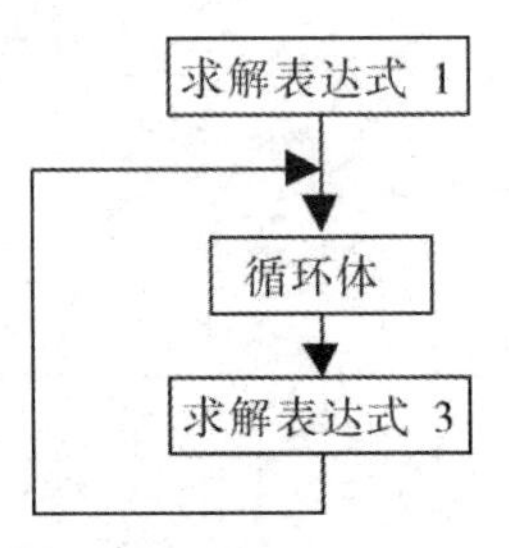

图 3-15 省略表达式 2

此时，在循环体内部应添加是循环终止的语句，比如在上例的循环体中添加如下命令：

```
if (i==10) break;     //当循环变量等于 10，执行 break 语句退出循环
```

(3)for（表达式 1；表达式 2；）

for 语句一般形式中的表达式 3 也可以省略，但此时应把改变循环变量值的命令放置到循环体中，以保证循环能正常结束。如：

```
for(int i=1;i<=10;)
    {
      printf("%d ",i);
```

```
        i++;
    }
```

本例把 i++的操作不放在 for 语句的表达式 3 的位置处，而作为循环体的一部分，效果是一样的，都能使循环正常结束。

(4) for（；表达式 2；）

for 语句的一般形式中，可以省略表达式 1 和表达式 3，只有表达式 2，即只给循环条件。如：

```
int i=1;
for( ;i<=10;)
{
        printf("%d ",i);
        i++;
 }
```

相当于：

```
int i=1;
while(i<=10)
{
        printf("%d ",i);
        i++;
}
```

在这种情况下，完全等同于 while 语句。可见 for 语句比 while 语句功能强，除了可以给出循环条件外，还可以赋初值，使循环变量自动增值等。

(5) for（；；）

for 语句的一般形式中，三个表达式都可以省略，如

```
    for(;;)
      语句序列（循环体）；
```

相当于

```
        while(1)
          语句序列（循环体）；
```

即不设初值，不判断条件（认为表达式 2 为真），循环变量不增值。无终止地执行循环体。

（6）其他用法

表达式 1 可以是设置循环变量初值的赋值表达式，也可以是与循环变量无关的其他表达式。如

```
for   (i=1;i<=10;i++)   printf("%d",i);
```

表达式 3 也类似。

表达式 1 和表达式 3 可以是一个简单的表达式，也可以是逗号表达式，即包含一个以上的简单表达式，中间用逗号间隔。如：

```
for(i=1,i=1;i<=10;i++)   printf("%d",i);
```

或

```
for(i=0,j=100;i<=j;i++,j--) k=i+j;
```

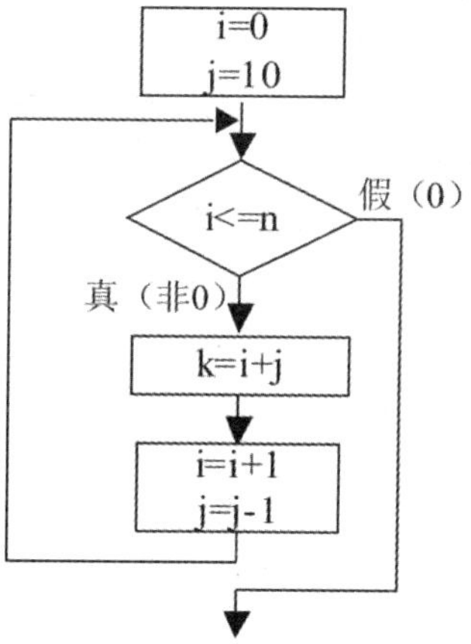

图 3-16 两个循环变量的应用

表达式 1 和表达式 3 都是逗号表达式，各包含两个赋值表达式，即同时设两个初值，使两个变量增值，执行情况见图 3-16。

在逗号表达式内按自左至右顺序求解，整个逗号表达式的值为其中最右边的表达式的

值。如：

for(i=1;i<=10;i++,i++)　printf("%d",i);

相当于

for(i=1;i<=10;i+2)　printf("%d",i);

表达式 2 一般是关系表达式（如 i<10）或逻辑表达式（如 a<b&&x<y），但也可以是数值表达式或字符表达式，只要其值为非零，就执行循环体，例如：

for(i=0;(c=getchar())! ='\n';i+=c);

在表达式 2 中先从终端接收一个字符给 c，然后判断此赋值表达式的值是否不等于'\n'（换行符），如果不等于'\n'，就执行循环体。此 for 语句的执行过程见图 3-17，它的作用是不断输入字符，将它们的 ASCII 码相加，直到输入一个“回车换行”符为止。

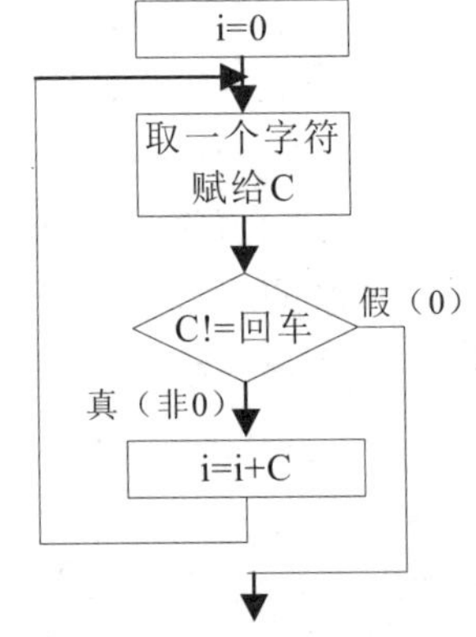

图 3-17 表达式2的运用

3. 3. 4 几种循环的比较

在 C 语言中，三种形式的循环都可以用来处理同一问题，但具体使用时又存在一些细微差别，一般情况下它们可以相互代替，此外还有一种 goto 型循环，但一般不提倡使用。

while 和 do-while 型循环，只在 while 后面指定循环条件，在循环体中应包含使循环趋于结束的语句（如 i++,或 i=i+1 等）。

for 语句可以在表达式 3 中包含使循环趋于结束的操作，甚至可以将循环体中的操作全部放到表达式 3 中。由此可见，for 语句的功能更强，凡用 while 循环能完成的，用 for 循环都能实现。

用 while 和 do-while 循环时，循环变量初始化的操作应在 while 和 do-while 语句之前完成。而 for 语句可以在表达式 1 中实现循环变量的初始化。

while 和 for 循环是先测试表达式，后执行循环体；而 do-while 语句是先执行一次循环体，再判断表达式。

对 while 循环、do-while 循环和 for 循环，可以用 break 语句跳出循环，用 continue 语句结束本次循环（break 和 continue 语句见下节）。而对用 goto 语句和 if 语句构成的循环，不能用 break 和 continue 语句进行控制。

下面举例说明如何用各种循环方法解决相同的问题。

要求：计算 10 个学生的总成绩（语文成绩与数学成绩之和）。

【例 3-19】用 while 语句实现

```
#include<stdio.h>
int main ()
{
    int chinese,math,total;
```

```
        int n=0;                        /*循环变量初始化。*/
        while(n<10)                     /*先判断条件，再决定执行与否*/
        {
            scanf("%d%d",& chinese,& math);
            total= chinese+math;
            printf("%4d", total);
            n++;
        }
        return 0;
    }
```

【例 3-20】用 do-while 语句实现

```
    #include<stdio.h>
    int main ()
    {
        int chinese,math,total;
        int n=0;        /*循环变量初始化。*/
        do              /*先执行一次循环体，再判断条件，决定是否继续执行循环体
*/
        {
            scanf("%d%d",& chinese,& math);
            total= chinese+math;
            printf("%4d", total);
            n++;
        }while(n<10);
        return 0;
    }
```

【例 3-21】用 for 语句实现

```
    #include<stdio.h>
    int main ()
    {
        int chinese,math,total;
        int n;
         /*循环变量初始化、条件判断、循环变量自增在一条语句中实现。*/
        for(n=0;n<10;n++)
        {
```

```
            scanf("%d%d",& chinese,& math);
            total= chinese+math;
            printf("%4d", total);
        }
        return 0;
    }
```

【例 3-22】用 if 和 goto 语句构成的循环实现

```
#include<stdio.h>
int main ()
{
    int n=0;
    loop: scanf("%d%d",& chinese,& math);
        total= chinese+math;
        printf("%4d", total);
        n++;
        if(n<10)
            goto loop; //非结构化程序设计方法，不提倡。
    return 0;
}
```

从上面几个例子可以看出，处理同一问题可以使用不同形式的循环，相较而言 for 循环语法更简洁，功能更强大一些。goto 型循环不符合结构化设计原则，可读性较差，一般不推荐使用。

3.3.5 循环嵌套

在循环体内又包含了一个完整的循环结构称为循环结构的嵌套，又称多重循环。外面的循环为外层循环，里面的循环称内层循环，C 中的三种循环语句可以相互嵌套，构成各式各样的多重循环。编写多重循环程序时，内层循环体必须完整地包含在外层循环体中，不能出现内外层交叉现象。

掌握好多重循环的关键是必须清楚程序中的哪些语句属于内循环，哪些语句属于外循环，内、外层循环各自的循环条件，循环次数等问题。

【例 3-23】用 for 语句编写程序输出乘法九九表。

```
#include <stdio.h>
int main()
{
```

```
    int k,j,m;
    printf("\t 乘法九九表\n");
    for(k=1; k<=9; k++)          // k 为外循环控制变量
    {                            // 外循环体开始
        for(j=1; j<=9; j++)      // j 为内循环控制变量
        {                        // 内循环体开始
                m=k*j;           // 共执行 81 次
                printf("%d*%d=%2d ",k,j,m);
        }                        // 内循环体结束
        printf("\n");            // 共 9 次换行
    }                            // 外循环结束
    return 0;
}
```

程序执行流程如图 3-18 所示，运行结果如图 3-19 所示。由执行流程和运行结果可以清楚地看到，多重循环执行时各循环控制变量的变化情况：外循环共进行 9 次，外循环每循环 1 次，内循环就要循环 9 次，所以内循环体共执行 81 次。

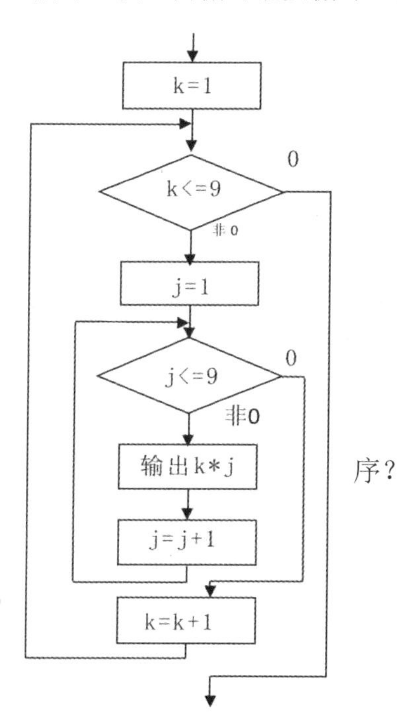

图 3-18 九九乘法流程图

```
"D:\第4章\4-8.exe"
        乘法九九表
1*1= 1 1*2= 2 1*3= 3 1*4= 4 1*5= 5 1*6= 6 1*7= 7 1*8= 8 1*9= 9
2*1= 2 2*2= 4 2*3= 6 2*4= 8 2*5=10 2*6=12 2*7=14 2*8=16 2*9=18
3*1= 3 3*2= 6 3*3= 9 3*4=12 3*5=15 3*6=18 3*7=21 3*8=24 3*9=27
4*1= 4 4*2= 8 4*3=12 4*4=16 4*5=20 4*6=24 4*7=28 4*8=32 4*9=36
5*1= 5 5*2=10 5*3=15 5*4=20 5*5=25 5*6=30 5*7=35 5*8=40 5*9=45
6*1= 6 6*2=12 6*3=18 6*4=24 6*5=30 6*6=36 6*7=42 6*8=48 6*9=54
7*1= 7 7*2=14 7*3=21 7*4=28 7*5=35 7*6=42 7*7=49 7*8=56 7*9=63
8*1= 8 8*2=16 8*3=24 8*4=32 8*5=40 8*6=48 8*7=56 8*8=64 8*9=72
9*1= 9 9*2=18 9*3=27 9*4=36 9*5=45 9*6=54 9*7=63 9*8=72 9*9=81
Press any key to continue...
```

图 3-19　九九乘法表运行结果

思考：要输出如图 3-20 形式的乘法九九表，如何修改程序？

```
        乘法九九表
1*1= 1
2*1= 2 2*2= 4
3*1= 3 3*2= 6 3*3= 9
4*1= 4 4*2= 8 4*3=12 4*4=16
5*1= 5 5*2=10 5*3=15 5*4=20 5*5=25
6*1= 6 6*2=12 6*3=18 6*4=24 6*5=30 6*6=36
7*1= 7 7*2=14 7*3=21 7*4=28 7*5=35 7*6=42 7*7=49
8*1= 8 8*2=16 8*3=24 8*4=32 8*5=40 8*6=48 8*7=56 8*8=64
9*1= 9 9*2=18 9*3=27 9*4=36 9*5=45 9*6=54 9*7=63 9*8=72 9*9=81
Press any key to continue...
```

图 3-20　其他形式乘法九九表

【例 3-24】用 while 语句编程序输出乘法九九表。

乘法九九表问题是典型的多重循环问题，用 for 语句实现比较容易，而用 while 语句要难一些。但如能用 while 语句实现，对深入理解多重循环有关概念、提高编程能力有很大帮助。希望读者仔细阅读本程序，特别要注意内外层循环控制变量是如何变化的。

```
#include <stdio.h>
int main( )
{
    int k,j,m;
    k=1;                        // 外层循环控制变量赋初值
    while(k<=9)                 // 外层循环共执行 9 次
     {
        j=1;                    // 内层循环控制变量赋初值
        while(j<=9)  // 判断内层循环是否执行
         {
          m=k*j;                // 内层循环共执行 81 次
          printf("%d*%d=%2d ",k,j,m);
          j=j+1;                // 修改内层循环控制变量
          }
        printf("\n");           //9 次换行
        k=k+1;                  // 修改外层循环控制变量
      }
    return 0;
 }
```

程序执行流程也同图 3-18 所示。

3.3.6 break 和 continue 语句

在循环体中，也可以使用 break 语句和 continue 语句改变循环的执行流向。

1. break 语句

break 语句的作用是：终止对 switch 语句或循环语句的执行，即跳出这两种语句，而转入下一语句执行。在循环体中，也可以通过使用 break 语句来立即终止循环的执行，而转到循环结构的下一语句处执行。

break 语句只能用于循环语句或 switch 语句中。

【例 3-25】从键盘上连续输入 n 个学生的语文和数学成绩，计算每个学生的总成绩，直到输入两个 0 时结束。

```
#include <stdio.h>
int main ()
{
    int chinese,math,total;
    int n;
     /*循环变量初始化、条件判断、循环变量自增在一条语句中实现。*/
    for(n=0;n<10;n++)
    {
        scanf("%d%d",& chinese,& math);
        if   (chinese==0 &&math==0)
            break;
        total= chinese+math;
        printf("%4d", total);
    }
    return 0;
}
```

上例中，如果没有 break 语句，程序将进行 10 次循环；但当语文和数学成绩都为 0 时， if 语句中的表达式的值为真，于是执行 break 语句，跳出 for 循环，从而提前终止循环。

【例 3-26】while 循环体中 break 语句执行示例。

```
#include<stdio.h>
int main ()
{
    int chinese,math,total;
    while (1)
    {
        scanf("%d%d",& chinese,& math);
        if   (chinese==0 &&math==0)
            break;
        total= chinese+math;
        printf("%4d", total);
    }
    return 0;
}
```

2. continue 语句

continue 语句的作用是结束本次循环，即跳过本层循环体中余下尚未执行的语句，接着再一次进行循环的条件判定。注意：执行 continue 语句并没有使整个循环终止。

在 while 和 do-while 循环中，continue 语句使得流程直接跳到循环控制条件的测试部分，然后决定循环是否继续进行。在 for 循环中，遇到 continue 后，跳过循环体中余下的语句，而去对 for 语句中的“表达式 3”求值，然后进行“表达式 2”的条件测试，最后根据“表达式 2”的值来决定 for 循环是否执行。在循环体内，不论 continue 是作为何种语句中的语句成分，都将按上述功能执行，这点与 break 有所不同。

【例 3-27】从键盘上连续输入 10 个学生的语文和数学成绩，计算每个学生的总成绩，若输入的两个成绩中有一个为负数，代表此次输入成绩有误，将不必计算此次的总成绩。

```
#include<stdio.h>
int main ()
{
    int chinese,math,total;
    int n;
     /*循环变量初始化、条件判断、循环变量自增在一条语句中实现。*/
    for(n=0; n<10 ;n++)
    {
        scanf("%d%d",& chinese,& math);
        if  (chinese<0   || math<0)
            continue;
        total= chinese+math;
        printf("%4d", total);
    }
    return 0;
  }
```

在本程序中，当读入的某个成绩小于 0 时，将不执行 total 总成绩计算语句，而立即进行下一轮循环，转向下一位学生成绩的输入。

【例 3-28】while 循环体中 continue 语句执行示例。

```
#include<stdio.h>
int main ()
{
    int chinese,math,total,n=0;
    while (n<10)
```

```
    {
        scanf("%d%d",& chinese,& math);
        if  (chinese<0   || math<0)
            continue;
        total= chinese+math;
        printf("%4d", total);
        n++;
    }
    return 0;
}
```

由以上几个例子可以看出，continue 语句和 break 语句的主要区别是：continue 语句只终止本次循环，而不是终止整个循环结构的执行；break 语句则是结束循环，不再进行条件判断。如果有以下两个循环结构：

（1）
```
while (表达式 1)
{ ……;
  if（表达式 2） break;
  …… ;
}
```

（2）
```
while (表达式 1)
{  ……;
   if（表达式 2）continue;
   ……;
}
```

表达式 1
假
真
表达式 2
真
break
假
while循环的
下一语句

图 3-21 break流程示意

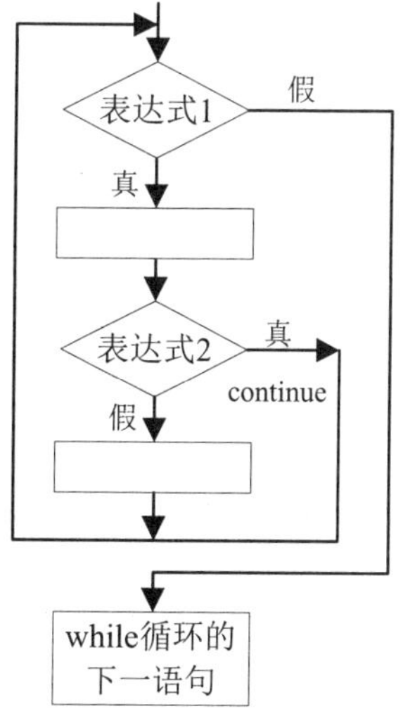

图 3-22 continue流程示意

程序（1）的流程图如图 3-21 所示，而程序（2）的流程图如图 3-22 所示。请注意图中当“表达式 2”为真时，流程的转向。

3.3.7 循环程序举例

【例 3-29】从键盘输入一个大于 2 的整数 n，判断 n 是不是素数。

只能被 1 和它本身整除的数是素数。为了判断 n 是不是素数，可以让 n 除以 2 到 n 的平方根（sqrt(n)）之间的每一个整数，如果 n 能被某个数整除，则说明 n 不是素数，否则，n 一定是素数。程序的执行过程见图 3-23。程序如下：

```
#include<stdio.h>
#include<math.h>
int main ()
{
    int   n, m, i, flag;
    do
        scanf ("%d",&n);
    while(n<=2);
    m=sqrt(n);
    flag=0;
    for(i=2;i<=m;i++)
    {
        if(n%i==0)
        {
            flag=1;
            break;
        }
    }
    if(flag==1)
        printf("%d is NOT a prime number.\n",n);
    else
        printf("%d is a prime number.\n",n);
    return 0;
}
```

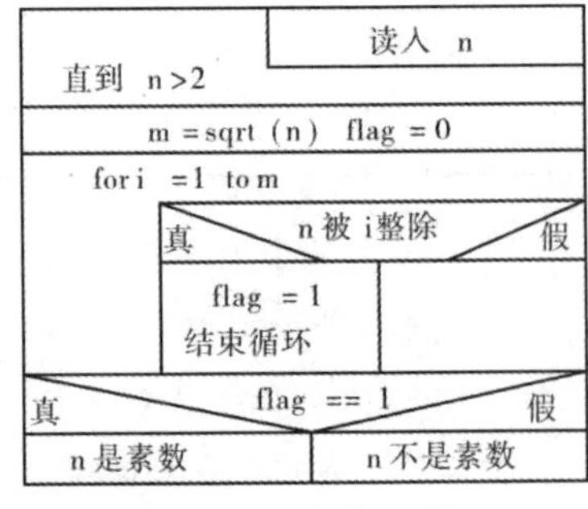

图3-23 判断素数N-S图

说明：

程序中增加了一个头文件“math.h”，这是因为在使用 sqrt 函数（求平方根）时需要这一头文件。

在程序的开始处利用了 do-while 循环语句来处理读键盘过程，这是为了保证所读入的数据是一个大于 2 的整数，如果不满足这一条件，将重复读操作，一直到读入的数据满足条件为止。

程序中的 flag 变量是用于设置标志的，当 flag=1 时，说明 n 不满足素数条件，最后通过对 flag 的判断来显示相应的提示信息。正确地使用标志变量，对程序设计会带来方便。

改进算法：只需判断 m 能否被 2 到 sqrt（m）之间的数整除即可。因为，若有整数 p 大于 sqrt（m）且能整除 m，则必然存在整数 q，使得 p×q＝m 且 q 小于 sqrt（m）。当 m 比较大时可以节省程序运行时间。

读者思考：要求 100～200 间的全部素数，如何编写程序？

【例 3-30】求 3 位的水仙花数。

水仙花数是指一个 n 位数(n≥3)，它的每个位上的数字的 n 次幂之和等于它本身。例如 3 位数 153 是水仙花数，各位数字的立方和 $1^3+5^3+3^3=153$。

分析：通过取整、求余等运算，把 3 位整数的每一位数字分离出来，将他们的立方和与该整数比较即可。程序如下，运行结果如图 3-24 所示。

```
#include <stdio.h>
int main( )
{   int x,j,k,m;
    printf("100 到 999 间的水仙花数有：\n");
    for(x=100;x<1000;x++)
    {
        j=x/100;                    // 分离出高位
        k=(x/10)%10;                // 分离出中间位
        m=x%10;                     // 分离出低位
        if(j*j*j+k*k*k+m*m*m==x)
        printf("    %d\n",x);
     }
        return 0;
 }
```

图 3-24　水仙数实例运行结果

【例 3-31】假设有 10 位裁判给运动员评分，去掉最高分、最低分，剩余 8 位裁判的平均分为运动员最后得分。

该问题的数学描述为：求 10 个数的最大值、最小值和其余 8 个数的平均值。求最大值 max 的方法是先假定第一个数为最大值，然后将该数与下一个数进行比较，若下一个数大于 max，则修改 max 的值为新的数，如此重复，直到与最后一个数比较完毕，max 就是最大值。类似地可求最小值。

```
#include <stdio.h>
int   main( )
{
    int c;
    float x,max,min,s,aver;
    scanf("%f",&x);                  // 输入第一个分数
    s=x;
    max=min=x;                       // 第一个分数可能是最高分也可能是最低分
    for(c=1;c<10;c++)
      {   scanf("%f",&x);            // 输入下一个分数
          if(x>max)max=x;                // 是否要修改 max
          if(x<min)min=x;                // 是否要修改 min
          s+=x;
  }
    aver=(s-max-min)/8.0;                // 剩余 8 位裁判的平均分
    printf("max=%f,min=%f,aver=%f",max,min,aver);
    return 0;
}
```

读者思考：如何求出最值所在数据中的序列号？

3.4 情境案例的实现

3.4.1 编程思路

一般，稍复杂程序的实现过程是，首先从纯思路（算法）的角度分析问题的实现步骤，然后结合相关的命令语法，把思路步骤转换为程序，教学情境案例分析如下：

第 1 小题成绩信息的存储、输入、输出功能，其实现可参照第 2 章的内容。

第 2 小题和第 3 小题判定成绩类别，处理的核心问题是把成绩分情况判定和处理，这属于分支结构程序设计，要用到 3.2 小节中学习的分支结构的 if 或 switch 命令。

第 4 小题实现 5 名学生成绩的处理功能，实质上是一次成绩处理功能的 5 次重复工作，用 3.3 小节学习的循环结构解决此问题，只需实现一名学生成绩处理功能，然后将这一名

学生成绩处理功能的代码放入循环体即可。

这些功能的具体算法如图 3-25 到图 3-28。

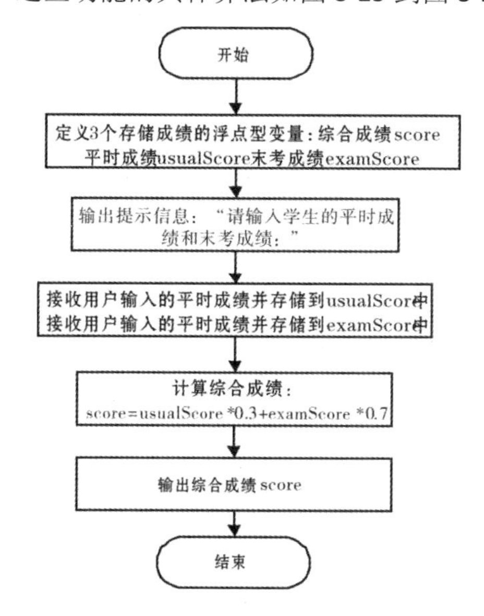

图 3-25 学生成绩输入输出运行流程图

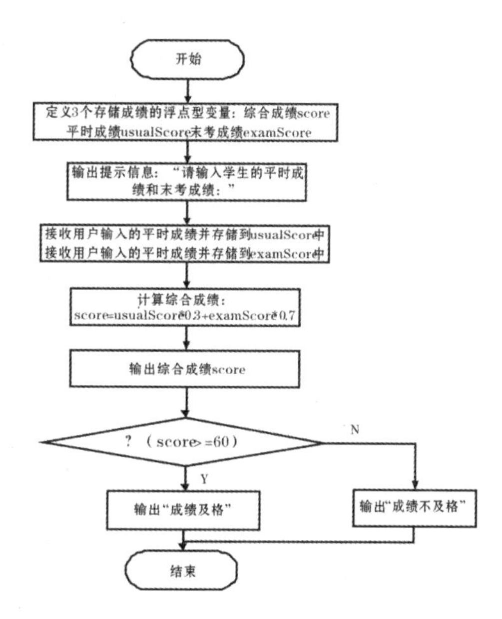

图 3-26 学生成绩成绩处理（是否及格）运行流程图

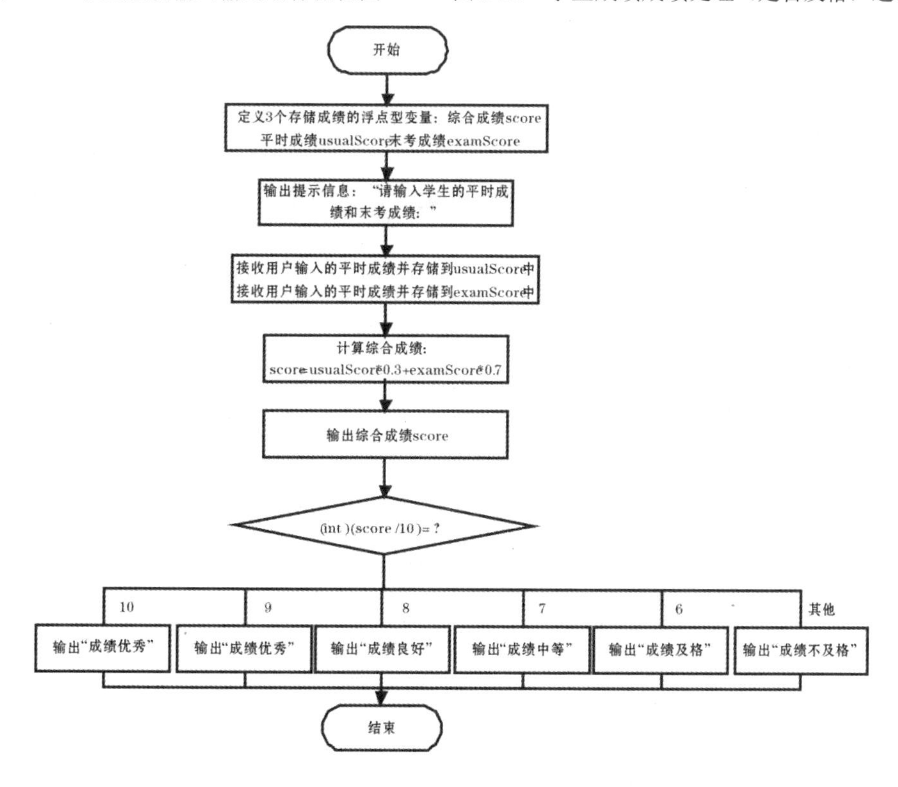

图 3-27 学生成绩成绩处理（优良等 5 级）运行流程图

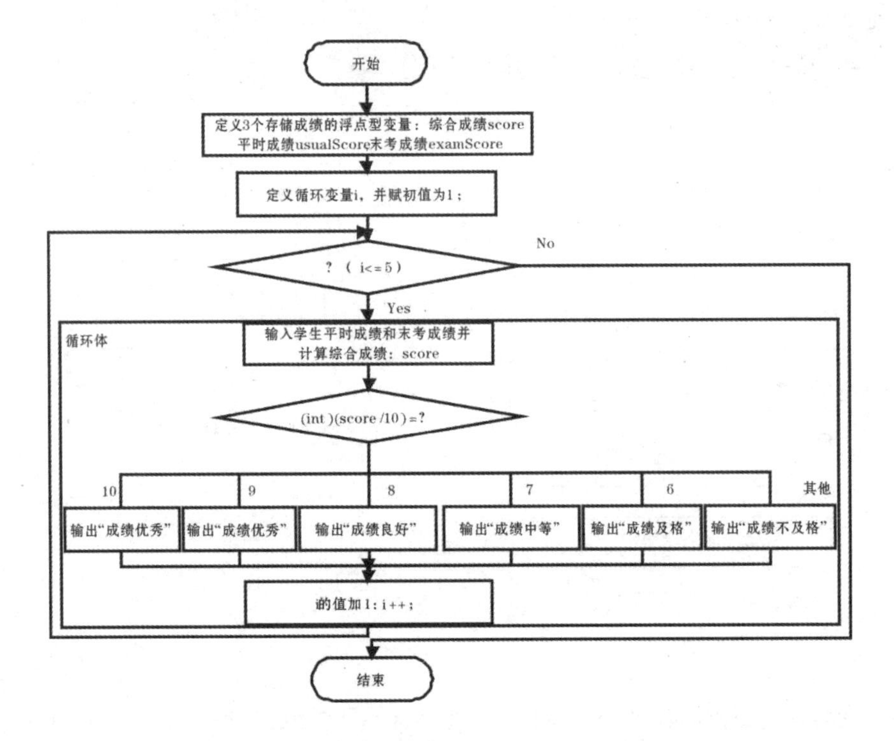

图 3-28　5 名学生成绩成绩处理（优良等 5 级）运行流程图

3.4.2 代码编写

成绩信息的存储、输入、输出功能，应用第 2 章的知识，可以很轻松地写出其源码，源码见 ex3-1.c。

ex3-1.c

```
#include <stdio.h>
int main()
{
    float score,usualScore,examScore;//定义变量，分别存储 3 个成绩
    printf("请输入学生的平时成绩和末考成绩：\n");//输出提示信息
    scanf("%f%f",&usualScore,&examScore);//输入平时成绩和末考成绩
    score=usualScore*0.3+examScore*0.7; //计算综合成绩
    printf("该生综合成绩为：%5.1f\n",score);//以 1 位小数输出综合成绩
    return 0;
}
```

（2）判定该生期末综合成绩是否及格，思路是在上一小题的基础上添加 if 分支语句，

代码如 ex3-2.c，在上一小题的基础上添加加粗的代码。

ex3-2.c

```
#include <stdio.h>
int main()
{
    float score,usualScore,examScore;//定义变量，分别存储 3 个成绩
    printf("请输入学生的平时成绩和末考成绩：\n");//输出提示信息
    scanf("%f%f",&usualScore,&examScore);//输入平时成绩和末考成绩
    score=usualScore*0.3+examScore*0.7; //计算综合成绩
    printf("该生综合成绩为：%5.1f\n",score);//以 1 位小数输出综合成绩

    if (score>=60)   //选择结构——if 语句
          printf("成绩及格\n");
    else
        printf("成绩不及格\n");

    return 0;
}
```

（3）更加详细的判定该生综合成绩的类型，成绩分类更加详细，即成绩所属于的情况增多，由第 2 小题成绩可分 2 类，到现在要分为 5 类，同样都是分情况的分类问题，所以还可以使用 if 分支语句，但要使用多个 if 语句相结合才能满足多情况的分支，同学们可参考 if 语句嵌套知识点解决此问题，请同学们课余时间，自行编写。

这里使用 switch 多分支语句来解决上述问题，代码见 ex3-3.c，其实，就是把上例源码中的 if 语句替换成了 switch 语句。

ex3-3.c

```
#include <stdio.h>
int main()
{
    float score,usualScore,examScore;//定义变量，分别存储 3 个成绩
    printf("请输入学生的平时成绩和末考成绩：\n");//输出提示信息
    scanf("%f%f",&usualScore,&examScore);//输入平时成绩和末考成绩
    score=usualScore*0.3+examScore*0.7; //计算综合成绩
    printf("该生综合成绩为：%5.1f\n",score);//以 1 位小数输出综合成绩

    switch ((int)(score/10))   //   选择结构——switch 语句
```

```
{
     case 10:    printf(" score=%f：优秀\n\n",score);  break;
     case 9:     printf(" score=%f：优秀\n\n",score);  break;
     case 8:     printf("score= %f：良好\n",score);      break;
     case 7:     printf("score= %f：中等\n",score);      break;
     case 6:     printf("score=%f：及格  \n",score);     break;
     default:    printf(" score=%f：不及格\n",score);
}
return 0;
}
```

（4）第 4 小题实现 5 名学生成绩的处理功能，实质上是一名学生成绩处理功能的 5 次重复工作，一个可行方案是使用 for 循环语句，源代码见 ex3-4.c，其实，就是将上例源码中的输入、输出、成绩判断的代码重个放到一个 for 循环语句中作为循环体，从而完成了这些功能的重复执行。

ex3-4.c

```
#include <stdio.h>
int main()
{
    float score,usualScore,examScore;//定义变量，分别存储 3 个成绩
    int i=1;
    for(i=1;i<=5;i++)        //   循环结构--for 语句
    {
        printf("请输入学生的平时成绩和末考成绩：\n");//输出提示信息
        scanf("%f%f",&usualScore,&examScore);//输入平时和末考成绩
        score=usualScore*0.3+examScore*0.7; //计算综合成绩
        printf("该生综合成绩为：%5.1f\n",score);//1 位小数输出综合成绩

        switch ((int)(score/10))    //   选择结构--switch 语句
        {
                case 10:    printf(" score=%f：优秀\n\n",score);   break;
                case 9:     printf(" score=%f：优秀\n\n",score);   break;
                case 8:     printf("score= %f：良好\n\n",score);   break;
                case 7:     printf("score= %f：中等\n\n",score);   break;
                case 6:     printf("score=%f：及格  \n\n",score);  break;
                default:    printf(" score=%f：不及格\n\n",score);
        }
```

```
    }
    return 0;
}
```

3.4.3 课外拓展

（1）修改源程序 ex3-3.c，将 switch 分支语句改用 if 实现。

（2）修改源程序 ex3-4.c，将 for 循环语句改用 while 语句或 do-while 语句实现。

提示：上例只详细讲解了 for 循环命令的使用，while 和 do-while 循环命令的功能与 for 语句相同，其用法与思路也与 for 语句类似。

3.5 拓展训练

【训练 1】判断成绩的 5 种类型——if 嵌套语句

将教学情境中第 3 小题的成绩判定，改用 if 嵌套语句实现，答案不唯一，请同学们多思考，写出不一样的源代码。

【代码编写】

ex3-5.c

```
#include <stdio.h>
int main()
{
    float score,usualScore,examScore;//定义变量，分别存储 3 个成绩
    printf("请输入学生的平时成绩和末考成绩：\n");//输出提示信息
    scanf("%f%f",&usualScore,&examScore);//输入平时成绩和末考成绩
    score=usualScore*0.3+examScore*0.7; //计算综合成绩
    printf("该生综合成绩为：%5.1f\n",score);//以 1 位小数输出综合成绩

    if(score>=90)
        printf(" score=%f：优秀\n\n",score);
    else
```

```
        if(score>=80)
            printf("score= %f：良好\n",score);
        else
            if(score>=70)
                printf("score= %f：中等\n",score);
            else
                if(score>=60)
                    printf("score=%f：及格 \n",score);
                else
                    if(score<60)
                        printf(" score=%f：不及格\n",score);
    return 0;
}
```

【训练 2】判断多个成绩所属的类型——while 循环语句

将教学情境中的第 4 小题的多名学生的成绩处理功能，改用 while 循环语句实现，代码见 ex3-6.c。

【代码编写】

ex3-6.c

```
#include <stdio.h>
int main()
{
    float score,usualScore,examScore;//定义变量，分别存储 3 个成绩
    int i=1;
    while (i<=5)    //  循环结构--while 语句
    {
        printf("请输入学生的平时成绩和末考成绩：\n");//输出提示信息
        scanf("%f%f",&usualScore,&examScore);//输入平时和末考成绩
        score=usualScore*0.3+examScore*0.7; //计算综合成绩
        printf("该生综合成绩为：%5.1f\n",score);//1 位小数输出综合成绩

        switch ((int)(score/10))    //  选择结构--switch 语句
        {
        case 10:    printf(" score=%f：优秀\n",score);    break;
```

```
            case 9:     printf(" score=%f：优秀\n",score);      break;
            case 8:     printf("score= %f：良好\n",score);      break;
            case 7:     printf("score= %f：中等\n",score);      break;
            case 6:     printf("score=%f：及格  \n",score);     break;
            default:    printf(" score=%f：不及格\n",score);
            }
            i++;
        }
        return 0;
    }
```

【训练 3】判断多个成绩所属的类型——do-while 循环语句

将教学情境中第 4 小题的的多名学生的成绩处理功能，改用 do-while 循环语句实现，代码见 ex3-7.c。

ex3-7.c

```
#include <stdio.h>
int main()
{
    float score,usualScore,examScore;//定义变量，分别存储 3 个成绩
    int i=1;
    do    // do while 循环语句,循环条件在循环体后
    {
        printf("请输入学生的平时成绩和末考成绩：\n");//输出提示信息
        scanf("%f%f",&usualScore,&examScore);//输入平时和末考成绩
        score=usualScore*0.3+examScore*0.7; //计算综合成绩
        printf("该生综合成绩为：%5.1f\n",score);//1 位小数输出综合成绩

        switch ((int)(score/10))    //   选择结构--switch 语句
        {
        case 10:    printf(" score=%f：优秀\n",score);      break;
        case 9:     printf(" score=%f：优秀\n",score);      break;
        case 8:     printf("score= %f：良好\n",score);      break;
        case 7:     printf("score= %f：中等\n",score);      break;
        case 6:     printf("score=%f：及格\n",score);break;
        default:    printf(" score=%f：不及格\n",score);
```

```
            }
            i++;
        }while (i<=5);
        return 0;
    }
```

注意：仔细观察和寻找 while 循环和 do-while 循环的异同点。

提示：当循环条件为 i<0，两种循环的运行结果将出现不同。

【训练 4】成绩个数不确定情况处理——次数不确定的循环编写

将教学情境中的第 4 小题改成对不确定人数的学生成绩判定，即当判断完一个学生的成绩并输出结果后，询问用户是否继续输入成绩并判断，若用户回答是，则继续接收成绩和判断操作，若用户回答否，就退出程序，运行效果见图 3-29。

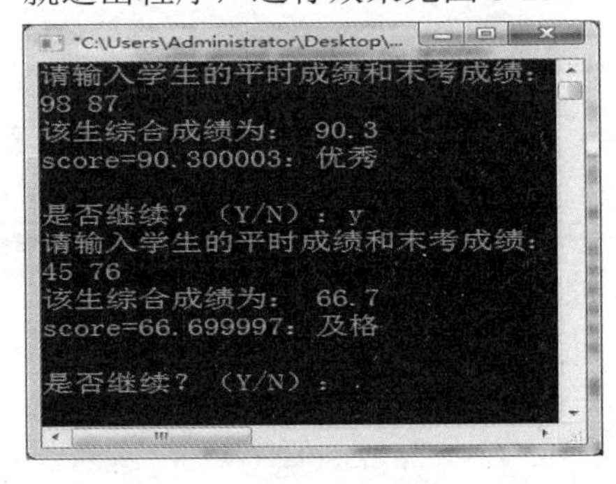

图 3-29　学生成绩处理运行界面

【代码编写】

ex3-8.c

```
#include <stdio.h>
#include <conio.h>
int main()
{
    float score,usualScore,examScore;//定义变量，分别存储 3 个成绩
    char yes;
    do    //    循环结构语句
    {
        printf("请输入学生的平时成绩和末考成绩：\n");//输出提示信息
        scanf("%f%f",&usualScore,&examScore);//输入平时成绩和末考成绩
        score=usualScore*0.3+examScore*0.7; //计算综合成绩
        printf("该生综合成绩为：%5.1f\n",score);//以 1 位小数输出综合成绩
```

```
        switch ((int)(score/10))    //  选择结构--switch 语句
        {
        case 10:   printf("score=%f：优秀\n\n",score);   break;
        case 9:    printf("score=%f：优秀\n\n",score);   break;
        case 8:    printf("score= %f：良好\n\n",score);  break;
        case 7:    printf("score= %f：中等\n\n",score);  break;
        case 6:    printf("score=%f：及格 \n\n",score);  break;
        default:   printf("score=%f：不及格\n\n",score);
        }
        printf("是否继续？（Y/N）：");
        _flushall(   );
        yes=getchar();
    }while(yes=='Y' || yes=='y');

    return 0;
}
```

【训练 5】带菜单的可多次运算的计算器——顺序+分支+循环编程

将简单计算器，进行完善，运行界面如图 3-30 所示，要求如下：

（1）在进行运算之前，先输出运算功能菜单，以供用户选择，然后再根据用户的选项，进行相应的运算并输出结果。

（2）第一小题只能运算一次，就会退出程序，请完善程序，能够实现运算多次的功能。

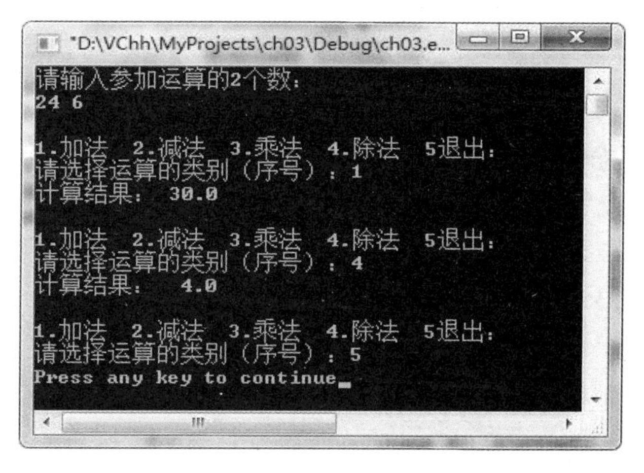

图 3-30　简单计算器运行界面

ex3-9.c

```
#include <stdio.h>
    int main()
    {
        float n1,n2,r=0;//定义运算数 n1,n2，r 存储计算结果
        int m;//存储用户选择的编号
        printf("请输入参加运算的 2 个数：\n");//输出提示信息
        scanf("%f %f",&n1,&n2);//输入参加运算的 2 个数
        while (1)   // do while 循环语句,循环条件在循环体后
        {
            printf("\n1.加法   2.减法   3.乘法   4.除法   5 退出：\n");//输出计算选项
信息
            printf("请选择运算的类别（序号）：");
            scanf("%d",&m);
            if (m==5) break;
            switch (m) //   选择结构--switch 语句
            {
                case 1:     r=n1+n2; break;
                case 2:     r=n1-n2; break;
                case 3:     r=n1*n2; break;
                case 4:     r=n1/n2; break;
            }
            printf("计算结果：%5.1f\n",r);//输出计算结果
        }
        return 0;
    }
```

3.6 实战经验

（1）条件运算符一般形式为条件?表达式 1:表达式 2。如果条件等于 true 结果就是表达式 1 的值，如果条件等于 false 结果就是表达式 2 的值。

例如：a=1,b=2;

c=a>b?a:b;

相当于 if(a>b)   c=a;

　　　else   c=b;

（2）if ,while,else 后面不需要加“;”一般每写完一行加“;”，表示这一行写完了。

例如：while（a!=0）;

{

a--;

}

是错误的因为在 while（）后加了;

正确的应该是：

while（a!=0）

{

a--;

}

（3）用字符做比较的时候忘记加单引号

例如比较字符变量 a 中的字符是否是‘?’，strcmp(a,?);这是错误的。

正确的应该是：strcmp(a,'?')。

（4）输入的类型和输出的类型不一致导致运行错误。

例如：scanf(“%d”,&a);printf(“%lf”,a);这是错误的。

正确的应该是：scanf(“%d”,&a);printf(“%d”,a);。

（5）程序的查错和排错的常用方法

1）人工检查：程序写好后，先人工执行一遍程序，检查是否有错误，人工检查能发现由于疏忽而造成的错误。

2）上机调试：程序编辑好后，先进行编译，若程序有语法问题，程序编译后会给出错误信息列表（显示哪一行命令有什么问题），编程人员可以根据这个提示信息找到出错的地方和原因并进行改正。要注意，如果在提示出错的行上找不到错误，应当到上一行查找。

如果系统提示的编译信息很多，应当先找其中的第一条改正，并且改正后应当对程序重新编译，因为，有可能后面的问题是由前面的问题引起的。

习题

1. 奇数偶数判断。

输入一个整数，判断该数是奇数还是偶数。

如果该数是奇数就输出“odd”，偶数就输出“even”（输出不含双引号）。

2. 求最大值。

编写一个程序，输入 a、b、c 三个值，输出其中最大值。

3. 字符类型判断。

从键盘输入一个小写字符，判断该字符是否大写字母、小写字母、数字字符或其他字符。分别输出对应的提示信息。

如果该字符是大写字母，则输出“upper”；若是小写字母，则输出“lower”；若是数字字符，则输出“digit”；若是其他字符，则输出“other”。（输出不含双引号）。

4. 有一个整型偶数 n(2<= n <=10000)，先把 1 到 n 中的所有奇数从小到大输出，再把所有的偶数从小到大输出。

5. 有 N 个数（0<N<1000），编写程序一个程序，找出这 N 个数中的所有素数，并求和。

6. 无穷数列 1，1，2，3，5，8，13，21，34，55...称为 Fibonacci 数列，它可以递归地定义为

F(n)=1 ....(n=1 或 n=2)

F(n)=F(n-1)+F(n-2).....(n>2)

现要你来求第 n 个斐波纳奇数。（第 1 个、第二个都为 1）

6. 编写一个程序，输入三个整数，输出从小到大的结果。

7. 已知鸡和兔的总数量为 n,总腿数为 m。输入 n 和 m,依次输出鸡和兔的数目，如果无解，则输出”No answer”。

8. 输入一行字符，以回车符作为输入结束的标志。统计其中数字字符的个数。

9. 有 1、2、3、4 四个数字，能组成多少个互不相同且无重复数字的三位数？都是多少？

10. 一球从 100 米高度自由落下，每次落地后反跳回原高度的一半；再落下，求它在第 10 次落地时，共经过多少米？第 10 次反弹多高？

11. 猴子吃桃问题：猴子第一天摘下若干个桃子，当即吃了一半，还不过瘾，又多吃了一个，第二天早上又将剩下的桃子吃掉一半，又多吃了一个。以后每天早上都吃了前一天剩下的一半零一个。到第 10 天早上想再吃时，见只剩下一个桃子了。求第一天共摘了多少。

12. 两个乒乓球队进行比赛，各出三人。甲队为 a、b、c 三人，乙队为 x、y、z 三人。已抽签决定比赛名单。有人向队员打听比赛的名单。a 说他不和 x 比，c 说他不和 x、z 比，请编程序找出三队赛手的名单。

第 4 章　实践指导 1：中介房屋出租管理系统

【教学目标】

通过实现中介房屋出租管理系统的简单功能，掌握 C 语言数据类型与基本控制结构的综合应用编程。

【技能目标】

1. 能使用 C 语言数据类型与基本控制结构进行简单的编程。
2. 掌握 C 语言中数据类型及数据运算的编程。
3. 掌握顺序结构的编程。
4. 掌握使用 if、switch 语句实现选择结构程序设计的方法。
5. 掌握使用 while、do...while、for 语句实现循环结构程序设计的方法，掌握循环嵌套及 break 和 continue 语句在程序中的应用。
6. 掌握顺序结构、选择结构、循环结构在中介房屋出租管理系统中的应用。

【知识目标】

1. 熟练掌握 C 程序的运行环境 VC++6.0。
2. 灵活应用数据类型与数据运算。
3. 掌握顺序结构程序的设计与实现
4. 掌握选择结构程序的设计与实现
5. 掌握循环结构程序的设计与实现

【教学重点】

C 语言数据类型与基本控制结构的编程。

4.1 功能简介

此中介房屋出租管理系统主要由录入房屋租金信息、根据指定租金范围查询房屋编号、排除已出租的房屋、根据房屋租金进行排序、该中介可出租房屋租金平均价格、显示所有房屋租金信息等功能组成，如图 4-1 所示。

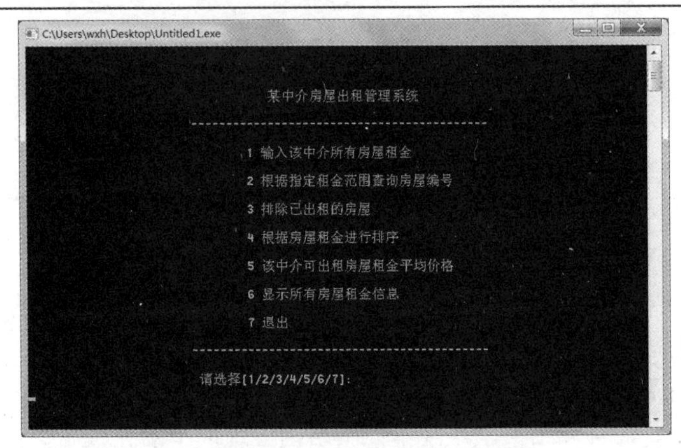

图 4-1 中介房屋出租管理系统菜单界面

4.2 编程设计

本次实践训练的内容为选择结构和循环结构在中介房屋出租管理系统中的应用，即利用选择结构和循环结构搭建系统的框架，而暂不实现具体的功能模块。

中介房屋出租管理系统功能模块如图 4-2。

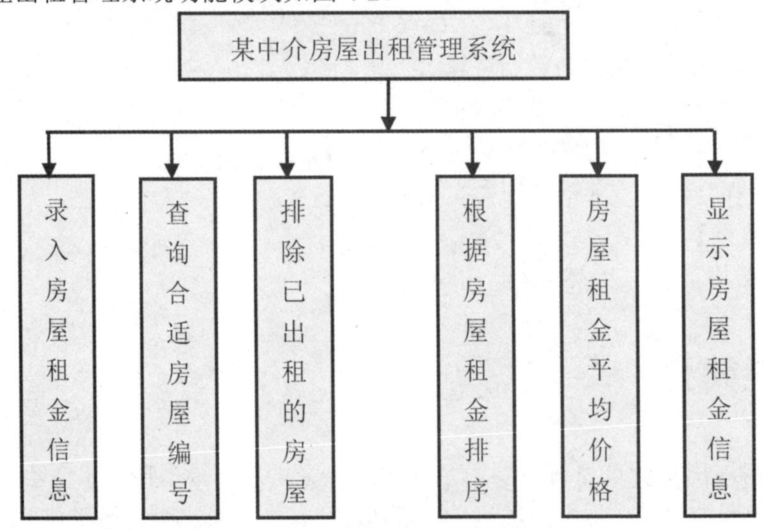

图 4-2 中介房屋出租管理系统功能模块图

系统执行流程为：进入主循环操作，显示主菜单，在判断键值时，输入 1～7 之间的任意数值，其他输入为错误按键。若输入 7，则退出系统，输入 1～6，则输出相应功能的提示信息（后期可完善为调用相关的功能函数，执行相应操作）。系统的执行流程如图 4-3 所示。

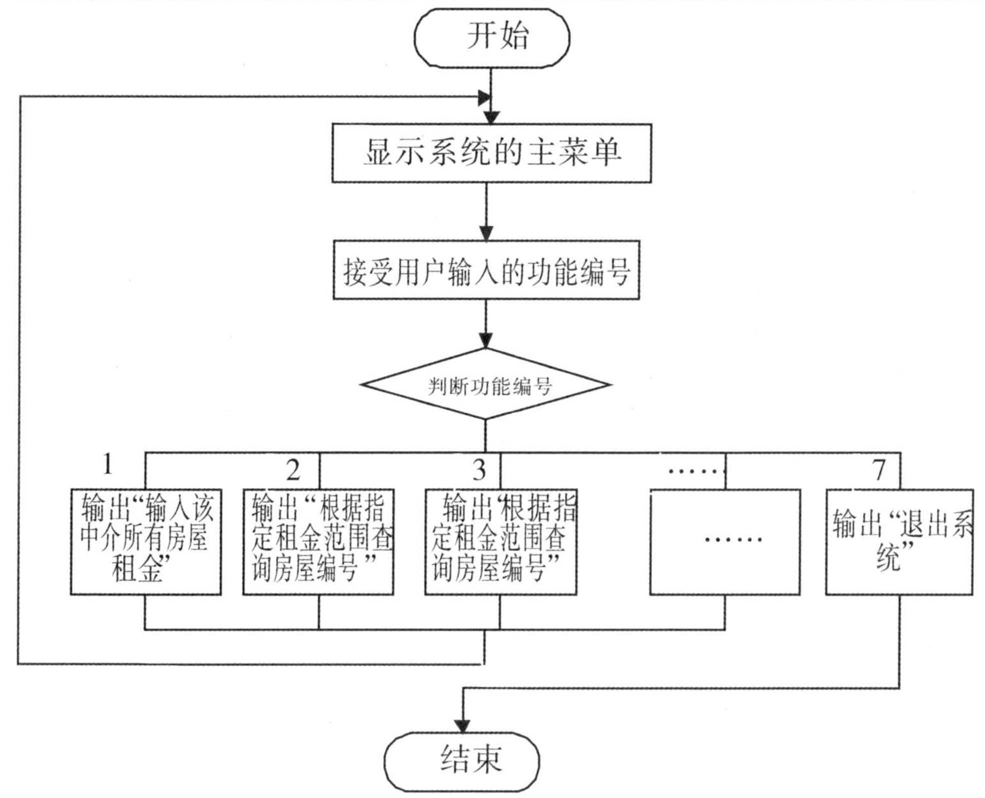

图 4-3 中介房屋出租管理系统流程图

4.3 编程实现

4.3.1 选择结构在中介房屋出租管理系统中的应用

中介房屋出租管理系统中的菜单功能中需要判断用户输入的功能序号，根据功能的序号再进一步执行相应功能，利用选择结构判断用户输入功能序号，可以分别用 if 语句和 switch 语句来实现。

1.使用 if 语句

主要思路：使用 if 嵌套语句完成多个菜单项的判断和选择。

单个 if 语句至多只能判断两种情况，而菜单中有 7 种情况要判断，且最终只能选择其中的一种，因此要使用嵌套的 if 语句实现。

ex4-1.c

```
#include<stdio.h>
#include<stdlib.h>
```

```
int main()
{
      int j;
      printf("\n\n\n");
      printf("\t\t\t\t     某中介房屋出租管理系统\n\n");
      printf("\t\t\t------------------------------------------\n\n");
      printf("\t\t\t\t1  输入该中介所有房屋租金\n\n");
      printf("\t\t\t\t2  根据指定租金范围查询房屋编号\n\n");
      printf("\t\t\t\t3  排除已出租的房屋\n\n");
      printf("\t\t\t\t4  根据房屋租金进行排序\n\n");
      printf("\t\t\t\t5  该中介可出租房屋租金平均价格  \n\n");
      printf("\t\t\t\t6  显示所有房屋租金信息  \n\n");
      printf("\t\t\t\t7  退出\n\n");
      printf("\t\t\t------------------------------------------\n\n");
      printf("\t\t             请选择[1/2/3/4/5/6/7]:\n");
      scanf("%d",&j);
      if(j==1)
            printf("输入该中介所有房屋租金\n");
      else if(j==2)
            printf("根据指定租金范围查询房屋编号\n");
      else if(j==3)
            printf("排除已出租的房屋\n");
      else if(j==4)
            printf("根据房屋租金进行排序\n");
      else if(j==5)
            printf("该中介可出租房屋租金平均价格\n");
      else if(j==6)
            printf("显示所有房屋租金信息\n");
      else if(j==7)
      {
            printf("退出系统\n");
            exit(0);    // exit 是在调用处强行退出程序，运行一次程序就结束。
      }
      return 0;
}
```

2.使用 switch 语句

主要思路：使用 switch 语句完成多个菜单项的判断和选择。switch 语句可实现多分支

条件的判断，用在此处实现 7 种功能序号的判断是最合适的。

ex4-2.c

```
#include<stdio.h>
#include<stdlib.h>
int main()
{
    int j;
    printf("\n\n\n");
    printf("\t\t\t\t    某中介房屋出租管理系统\n\n");
    printf("\t\t\t------------------------------------------\n\n");
    printf("\t\t\t\t1  输入该中介所有房屋租金\n\n");
    printf("\t\t\t\t2  根据指定租金范围查询房屋编号\n\n");
    printf("\t\t\t\t3  排除已出租的房屋\n\n");
    printf("\t\t\t\t4  根据房屋租金进行排序\n\n");
    printf("\t\t\t\t5  该中介可出租房屋租金平均价格  \n\n");
    printf("\t\t\t\t6  显示所有房屋租金信息  \n\n");
    printf("\t\t\t\t7  退出\n\n");
    printf("\t\t\t------------------------------------------\n\n");
    printf("\t\t            请选择[1/2/3/4/5/6/7]:\n");
    scanf("%d",&j);
    switch(j)
    {
        case 1:printf("输入该中介所有房屋租金\n");break;
        case 2:printf("根据指定租金范围查询房屋编号\n");break;
        case 3:printf("排除已出租的房屋\n");break;
        case 4:printf("根据房屋租金进行排序\n");break;
        case 5:printf("该中介可出租房屋租金平均价格\n");break;
        case 6:printf("显示所有房屋租金信息  \n");break;
        case 7:printf("退出\n");exit(0);
    }
    return 0;
}
```

4.3.2 循环结构在中介房屋出租管理系统中的应用

1．使用 while 语句

主要思路是把 4.3.1 节代码放进 while 循环语句中，从而达到菜单显示和选择功能被多次执行的目的。

ex4-3.c

```
#include<stdio.h>
#include<stdlib.h>
#include<conio.h>
int main()
{
        int j;
        while(1)
        {
                system("cls"); //调用系统命令 cls 完成清屏操作
                printf("\n\n\n");
                printf("\t\t\t\t    某中介房屋出租管理系统\n\n");
                printf("\t\t\t------------------------------------------\n\n");
                printf("\t\t\t\t1 输入该中介所有房屋租金\n\n");
                printf("\t\t\t\t2 根据指定租金范围查询房屋编号\n\n");
                printf("\t\t\t\t3 排除已出租的房屋\n\n");
                printf("\t\t\t\t4 根据房屋租金进行排序\n\n");
                printf("\t\t\t\t5 该中介可出租房屋租金平均价格  \n\n");
                printf("\t\t\t\t6 显示所有房屋租金信息  \n\n");
                printf("\t\t\t\t7 退出\n\n");
                printf("\t\t\t------------------------------------------\n\n");
                printf("\t\t            请选择[1/2/3/4/5/6/7]:\n");
                scanf("%d",&j);
                switch(j)
                {
                        case 1:printf("输入该中介所有房屋租金\n");break;
                        case 2:printf("根据指定租金范围查询房屋编号\n");break;
                        case 3:printf("排除已出租的房屋\n");break;
                        case 4:printf("根据房屋租金进行排序\n");break;
                        case 5:printf("该中介可出租房屋租金平均价格\n");break;
```

```
            case 6:printf("显示所有房屋租金信息 \n");break;
            case 7:printf("退出\n");exit(0);
        }
        getch();   //从控制台读取一个字符
    }
    return 0;
}
```

当程序调用 getchar 时，程序就等着用户按键，用户输入的字符被存放在键盘缓冲区中，直到用户按回车为止(回车字符也放在缓冲区中)；getch 与 getchar 基本功能相同,差别是 getch 直接从键盘获取键值，不等待用户按回车,只要用户按一个键，getch 就立刻返回，getch 返回值是用户输入的 ASCII 码，出错返回-1，输入的字符不会回显在屏幕上，常用于暂停程序。

2．使用 for 语句

主要思路是把 4.3.1 节代码放进 for 循环语句中，从而达到菜单显示和选择功能被多次执行的目的。

ex4-4.c

```
#include<stdio.h>
#include<stdlib.h>
#include<conio.h>
int main()
{
    int j;
    for(;;)
    {
        system("cls");
        printf("\n\n\n");
        printf("\t\t\t\t     某中介房屋出租管理系统\n\n");
        printf("\t\t\t-------------------------------------------\n\n");
        printf("\t\t\t\t1  输入该中介所有房屋租金\n\n");
        printf("\t\t\t\t2  根据指定租金范围查询房屋编号\n\n");
        printf("\t\t\t\t3  排除已出租的房屋\n\n");
        printf("\t\t\t\t4  根据房屋租金进行排序\n\n");
        printf("\t\t\t\t5  该中介可出租房屋租金平均价格  \n\n");
        printf("\t\t\t\t6  显示所有房屋租金信息  \n\n");
        printf("\t\t\t\t7  退出\n\n");
```

```
                printf("\t\t\t----------------------------------------\n\n");
                printf("\t\t            请选择[1/2/3/4/5/6/7]:\n");
                scanf("%d",&j);
                switch(j)
                {
                    case 1:printf("输入该中介所有房屋租金\n");break;
                    case 2:printf("根据指定租金范围查询房屋编号\n");break;
                    case 3:printf("排除已出租的房屋\n");break;
                    case 4:printf("根据房屋租金进行排序\n");break;
                    case 5:printf("该中介可出租房屋租金平均价格\n");break;
                    case 6:printf("显示所有房屋租金信息  \n");break;
                    case 7:printf("退出\n");exit(0);
                }
                getch();
            }
            return 0;
        }
```

3. 使用 do-while 语句：

主要思路是把 4.3.1 节代码放进 do-while 循环语句中，从而达到菜单显示和选择功能被多次执行的目的。

ex4-5.c

```
        #include<stdio.h>
        #include<stdlib.h>
        #include<conio.h>
        int main()
        {
            int j;
            do
            {
                system("cls");
                printf("\n\n\n");
                printf("\t\t\t\t    某中介房屋出租管理系统\n\n");
                printf("\t\t\t----------------------------------------\n\n");
                printf("\t\t\t\t1  输入该中介所有房屋租金\n\n");
                printf("\t\t\t\t2  根据指定租金范围查询房屋编号\n\n");
```

```
            printf("\t\t\t\t3 排除已出租的房屋\n\n");
            printf("\t\t\t\t4 根据房屋租金进行排序\n\n");
            printf("\t\t\t\t5 该中介可出租房屋租金平均价格 \n\n");
            printf("\t\t\t\t6 显示所有房屋租金信息 \n\n");
            printf("\t\t\t\t7 退出\n\n");
            printf("\t\t\t-----------------------------------------\n\n");
            printf("\t\t           请选择[1/2/3/4/5/6/7]:\n");
            scanf("%d",&j);
            switch(j)
            {
                case 1:printf("输入该中介所有房屋租金\n");break;
                case 2:printf("根据指定租金范围查询房屋编号\n");break;
                case 3:printf("排除已出租的房屋\n");break;
                case 4:printf("根据房屋租金进行排序\n");break;
                case 5:printf("该中介可出租房屋租金平均价格\n");break;
                case 6:printf("显示所有房屋租金信息 \n");break;
                case 7:printf("退出\n");exit(0);
            }
            getch();
        }while(1);
        return 0;
}
```

第 5 章　数组

【教学目标】

通过案例掌握一维数组、二维数组的相关知识

【技能目标】

掌握数组在实际程序编写中的应用

【知识目标】

1. 一维数组的定义、赋值、输入与输出。
2. 二维数组的定义、赋值与在程序中的应用。
3. 字符数组与字符串函数。
4. 用 C 语言实现简单的排序算法。

【教学重点】

引导学生进行发散思维，掌握多个相同类型数据处理在计算机中的实现

5.1 一维数组

5.1.1 案例需求

输入输出 10 名学生 C 语言程序设计课程的成绩，如图 5-1 所示。

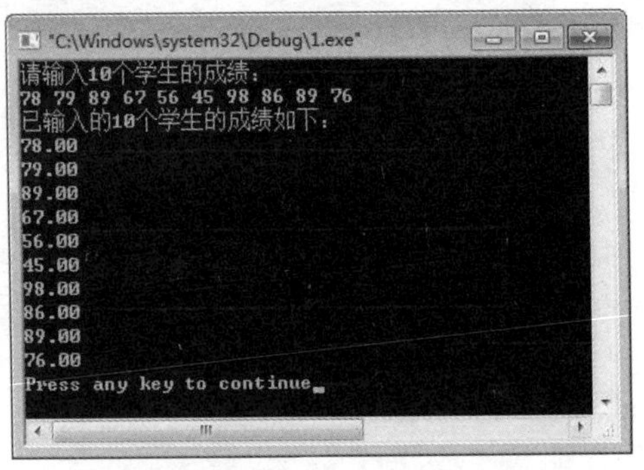

图 5-1　输入输出学生成绩运行界面

5.1.2 案例分析

（1）案例功能：输入与输出多名学生的成绩。

（2）案例讨论：输入一名学生的成绩，需要定义一个变量，输入 10 名学生的成绩，按照前面所学知识可知，需要定义 10 个变量，如果是 100 名学生呢？使用已有知识能否实现该程序的编写？一个程序中定义变量数目过多会对程序编写与运行产生什么样的影响？为了实现该案例，本节中引入了一维数组的概念。

5.1.3 相关知识点介绍

1. 数组

一组有序数据的集合，用一个数组名和下标确定数组中的元素，下标代表数据在数组中的序号，在程序中使用数组，首先必须进行定义。

2. 一维数组

数组元素只需要用数组名加一个下标，就能唯一确定。

(1)定义一维数组：

数组元素类型　数组名[常量表达式]；

数组名的命名规则和变量名相同，如：int score[5]，其中 int 为数组类型，score 为数组名，5 为数组长度，即数组中元素的个数，该数组中的 5 个元素分别为 score[0]，score[1]，score[2]，score[3]，score[4]，数组中第一个元素的下标为 0，最后一个元素的下标为数组个数减 1。

(2)引用一维数组元素：在定义数组并对其中各元素赋值后即可引用数组中的元素。引用数组元素的表示形式为：

数组名[下标]；

如：score[0]，score[1]，score[1*2]，…

(3)一维数组的初始化：定义数组的同时，可以给全部或部分数组元素赋值。

为全部数组元素赋值，如：int score[5]={3,4,2,5,7}；

将数组中的元素值放在一对花括号中，经过定义和初始化后，数组中 score[0]=3，score[1]=4，score[2]=2，score[3]=5，score[4]=7。需要注意的是在对全部数组元素赋初值时可以不指定数组的长度，即前面对数组 score 的定义也可写为：

int score[ ]={3,4,2,5,7}；

为一部分数组元素赋值，如:int score[5]={3,4,2}；

数组 score 中包含 5 个数组元素，但在初始化时只给出 3 个值，则 score[0]=3，score[1]=4，score[2]=2，没有得到值的元素 score[3]、score[4]被默认赋值为 0。

3. 冒泡排序与选择排序

(1) 冒泡排序

冒泡排序是对一组数字进行从大到小或者从小到大排序的一种算法。具体方法是，相邻数值两两交换。从第一个数值开始，如果相邻两个数的排列顺序与期望不同，则将两个数的位置进行交换（对调）；如果其与期望一致，则不用交换。重复这样的过程，一直到最后没有数值需要交换，则排序完成。一般地，如果有 N 个数需要排序，则需要进行（N-1）趟起泡。

(2) 选择排序

每一次从待排序的数据元素中选出最小（或最大）的一个元素，存放在序列的起始位置，直到全部待排序的数据元素排完。

提示：

① 数组中的每一个元素都属于同一个数据类型。

②一维数组元素的下标从 0 开始，则最后一个元素的下标为数组长度-1。

③ 只能引用数组元素而不能一次调用整个数组全部元素的值。

5.1.4 程序实现

1．编程思路

要实现 10 个学生成绩的输入与输出，首先要定义一个长度为 10 的数组，设定输入成绩均为双精度浮点型，则定义一数组为 double score[10]，采用 for 循环来进行数据的输入，然后使用 for 循环依次输出数组元素的值。

2．编写代码

ex5-1.c

```
#include <stdio.h>
int main()
{
        double score[10];
        int i;
        printf("请输入 10 个学生的成绩：\n");
        for (i=0; i<=9;i++)
            scanf("%lf",&score[i]);
        printf("已输入的 10 个学生的成绩如下：\n");
        for (i=0; i<=9;i++)
            printf("%4.2lf\n",score[i]);
        return 0;
}
```

5.1.5 拓展训练

【训练 1】

编写程序求 10 名学生成绩的平均分。

【参考答案】

ex5-2.c

```
#include<stdio.h>
int main()
{
    double score[10],sum=0,avg;
```

```
    int i;
    printf("请输入 10 名学生的成绩：\n");
    for(i=0;i<10;i++)
    {
        scanf("%lf",&score[i]);
    }
    for(i=0;i<10;i++)
    {
        sum+=score[i];
    }
    avg=sum/10;
    printf("10 名学生的平均成绩为：%.lf\n",avg);
    return 0;
}
```

【运行效果图（图 5-2）】

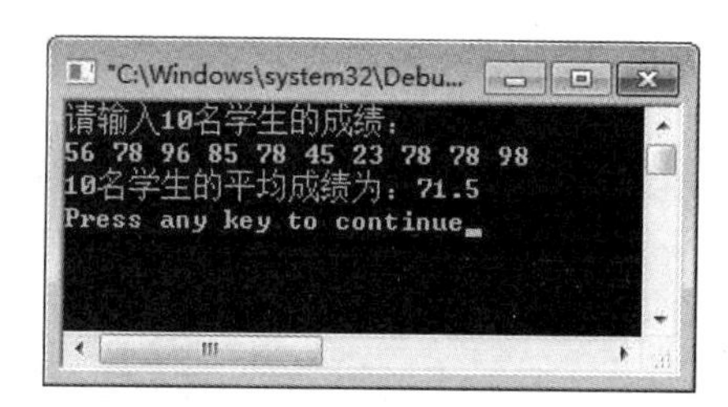

图 5-2　求学生成绩平均分

【训练 2】

对 10 名学生成绩按照由低到高的顺序进行排列后输出。

【参考答案】

ex5-3.c

```
#include<stdio.h>
int main()
{
    double score[10],temp;
    int i,j;
    printf("请输入 10 名学生的成绩：\n");
    for(i=0;i<10;i++)
    {
        scanf("%lf",&score[i]);
    }
    for(i=1;i<10;i++)
```

```
    {
        for(j=0;j<10-i;j++)
        {
            if(score[j]>score[j+1])
            {
                temp=score[j];
                score[j]=score[j+1];
                score[j+1]=temp;
            }
        }
    }
    printf("10 名学生的成绩由低到高依次为：\n");
    for(i=0;i<10;i++)
    {
        printf("%.1f\n",score[i]);
    }
    return 0;
}
```

【运行效果（图 5-3）】

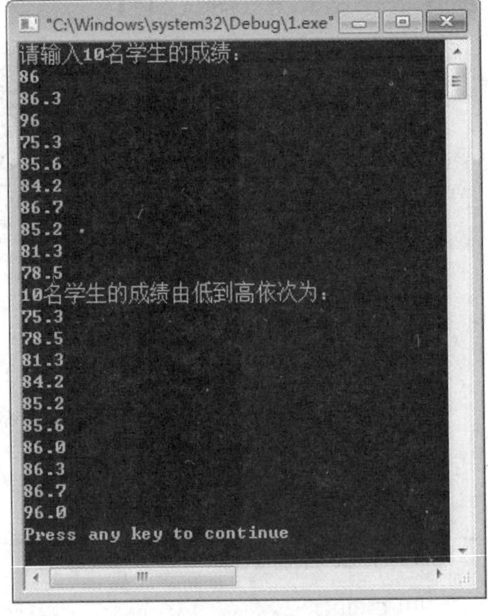

图 5-3　学生成绩排序

【训练 3：简答】

（1）简述数组与一维数组的概念。

（2）简述冒泡排序的基本思路。

5.2 二维数组

5.2.1 案例需求

假设一个班有 10 名学生，开设 5 门课程，请设计一个小程序，用于期末考试后计算所有学生所有科目中的最高分与最低分。效果如图 5-4 所示。

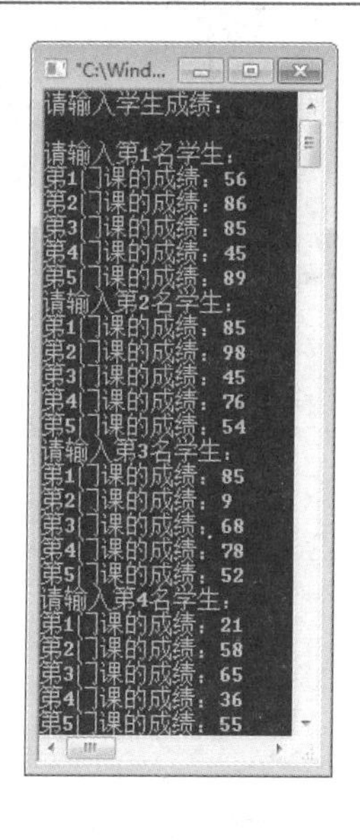

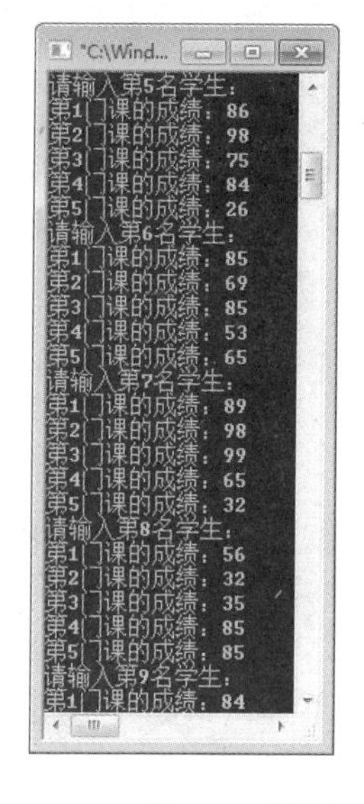

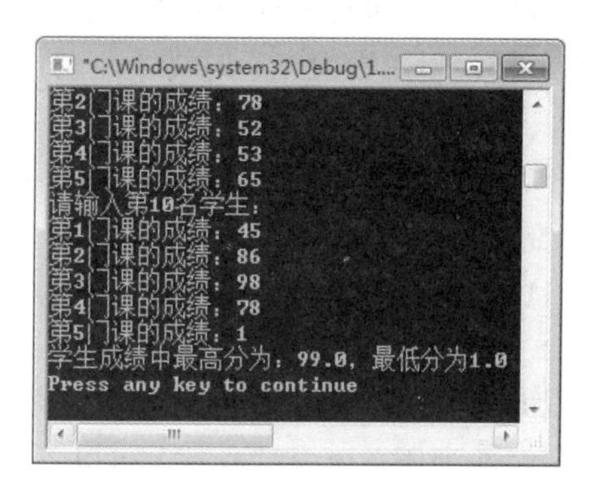

图 5-4　程序运行界面

5.2.2 案例分析

（1）案例功能：通过键盘输入所有学生分数，求最高分与最低分。

（2）案例讨论：10 名学生的某门课程成绩，可以用一维数组来存放，10 名学生的多门课程成绩，则需要定义多个一维数组，虽然利用现有知识可以实现，但是并不能体现数据之间的联系，因此在本节中引入二维数组的概念，可以更好的解决问题。

5.2.3 相关知识点介绍

二维数组的概念：常称为矩阵，写成行和列的形式，是多维数组中最简单最常用的数组。

1．二维数组的定义

类型符 数组名[常量表达式 1][常量表达式 2]；

其中常量表达式 1 表示第一维下标的长度，被称为行下标；常量表达式 2 表示第二维下标的长度，被称为列下标。如有二维数组 score[m][n]，则行下标的取值范围为 0~m-1，列下标的取值范围为 0~n-1，该二维数组的第一个元素为 score[0][0]，最后一个元素为 score[m-1][n-1]。

例如：定义一 double 类型，名为 score 的 2 行 3 列的数组，则：

```
double score[2][3];
```

该数组有 2*3 个元素，分别为：

```
score [0][0]   score[0][1]   score[0][2]
score [1][0]   score[1][1]   score[1][2]
```

在 C 语言中，二维数组是按行排列的，每行中的元素依次存放。

2. **二维数组的引用**

二维数组元素的一般形式为：

数组名[下标][下标]；

例如：前面的score[1][2]代表对数组score中第2行第3个元素进行引用，同一维数组一样，引用数组元素时需要注意下标越界的问题。

3. **二维数组的初始化**

同一维数组一样，也可以在声明时对其进行初始化。在给二维数组赋值时，有以下4种情况：

(1)将所有数据写在一个大括号内，按照数组元素排列顺序对元素赋值。例如：

```
int score[2][2]={67,78,56,79};
```

如果括号内的数据少于数组元素的个数，则未被赋值的元素默认为0。

(2)在为所有元素赋值时，可以省略行下标，不能省略列下标。例如：

```
int score[][2]={67,78,56,79};
```

系统根据元素的个数进行分配，一共有4个数据，数组每行分为2列，则可以确定有2行。

(3)可以分行给数组赋值，分行赋值时，可以只对部分元素赋值，未被赋值的元素默认为0。例如：

```
int score[2][2]={{67},{56,79}};
```

在此行代码中，各个元素的值如下：

```
score[0][0]=67;score[0][1]=0; score[1][0]=56;score[1][1]=79;
```

(4)二维数组也可以直接对数组元素赋值。例如：

```
int score[2][3];score[0][0]=56;score[0][1]=67;
```

> **提示：**
>
> ① 二维数组的下标不能写在一个方括号内，如 a[2][3]，不能写为 a[2,3]。
>
> ② 数组元素下标可以是整型常量或整型表达式。
>
> ③ 不管行下标或者列下标，其索引都是从0开始。

5.2.4 程序实现

1. **编程思路**

要求10个学生5门课程成绩的最高分与最低分，即找出50个数据中的最大值与最小值，需要定义一个10行5列的二维数组用于存储成绩，声明两个变量max、min，max用来存放当前已知的最大值，min用来存放当前已知的最小值，程序开始未进行数据比较时，将score[0][0]赋值给max与min，然后让下一个元素score[0][1]分别与max、min进行比较，如果max< score[0][1]，则表示score[0][1]是已经比较过的数据中最大的，把它的值赋给max，如果min> score[0][1]，则表示score[0][1]是已经比较过的数据中最小的，把它的值赋给min，依次对数组中各元素进行如上比较处理，直至全部元素比较完毕，

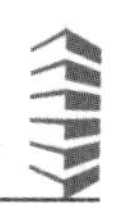

此时，所有数组元素中 max 是最大值，min 是最小值，则可求出最高分与最低分。

2. 编写代码

ex5-4.c

```
#include <stdio.h>
#define N 10
int main()
{
   double score[N][5],max,min;
   int i,j;
   printf("请输入学生成绩：\n\n");
   for(i=0;i<N;i++)
   {
        printf("请输入第%d 名学生：\n",i+1);
        for(j=0;j<5;j++)
        {
             printf("第%d 门课的成绩：",j+1);
             scanf("%lf",&score[i][j]);
        }
   }
   max=min=score[0][0];
   for(i=0;i<N;i++)
   {
        for(j=0;j<5;j++)
        {
             if(max<score[i][j])
                  max=score[i][j];
             if(min>score[i][j])
                  min=score[i][j];
        }
   }
   printf("学生成绩中最高分为：%.lf，最低分为%.lf\n",max,min);
   return 0;
}
```

5.2.5 拓展训练

【训练 1】

学校每年都会举办各种文艺、技能竞赛活动，请你帮忙设计一个竞赛评分小程序，具体要求如下：

(1)假设有 6 位评委，10 位选手，在某位选手表演结束，评委现场打分后，程序按计分规则统计评委打分(分数为整数，满分为 10 分)，然后计算平均分，打印输出该选手的最终得分。请运用所学知识编程实现。

【参考答案】

ex5-5.c

```
#include<stdio.h>
#include<conio.h>
int main()
{
    float avg;//定义变量用于存放选手得分
    int score[10][6],sum;//定义一个二维数组，存放评委打分
    int i,j;
    for(i=0;i<10;i++)
    {
        sum=0;
        printf("请为第%d 名选手打分，分值范围为(0~10)：\n",i+1);
        for(j=0;j<6;j++)
        {
            printf("第%d 位评委给出的分数为：",j+1);
            scanf("%d",&score[i][j]);
            while(score[i][j]<0||score[i][j]>10)
            {
                printf("分数必须介于 0 与 10 之间，请重新打分：");
                scanf("%d",&score[i][j]);
            }
            sum+=score[i][j];
        }
        avg=(float)sum/6;
        printf("第%d 名选手的最终得分为%.1f\n",i+1,avg);
        getch();
    }
    return 0;
}
```

【运行效果（图 5-5）】

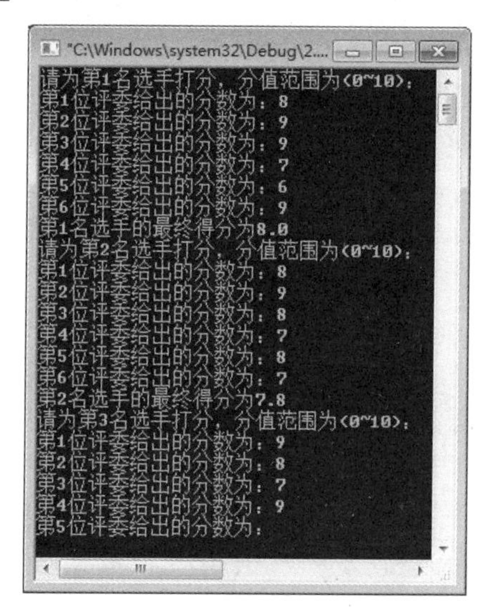

图 5-5　选手得分输出

(2) 去掉一个最高分、一个最低分之后，打印输出选手的最终得分。请运用所学知识编程实现。

【参考答案】

ex5-6.c

```
#include<stdio.h>
#include<conio.h>
int main()
{
float avg;//定义变量用于存放选手得分
int score[10][6],sum,max,min;//定义一二维数组，存放评委打分
int i,j;
for(i=0;i<10;i++)
{
    sum=0;
    max=0;
    min=10;
    printf("请为第%d 名选手打分，分值范围为(0~10)：\n",i+1);
    for(j=0;j<6;j++)
    {
        printf("第%d 位评委给出的分数为：",j+1);
        scanf("%d",&score[i][j]);
        while(score[i][j]<0||score[i][j]>10)
        {
```

```
                printf("分数必须介于 0 与 10 之间，请重新打分：");
                scanf("%d",&score[i][j]);
            }
            if(max<score[i][j])
                max=score[i][j];
            if(min>score[i][j])
                min=score[i][j];
            sum+=score[i][j];
        }
            avg=(float)(sum-max-min)/4;//强制类型转换，一般形式为:(类型说明符)
        (表达//式),其功能是把表达式的运算结果强制转换成类型说明符所表示的
        类型。
        printf("去掉一个最高分，去掉一个最低分，第%d 名选手的最终得分
为%.1f\n",i+1,avg);
        getch();
    }
    return 0;
}
```

【运行效果（图 5-6）】

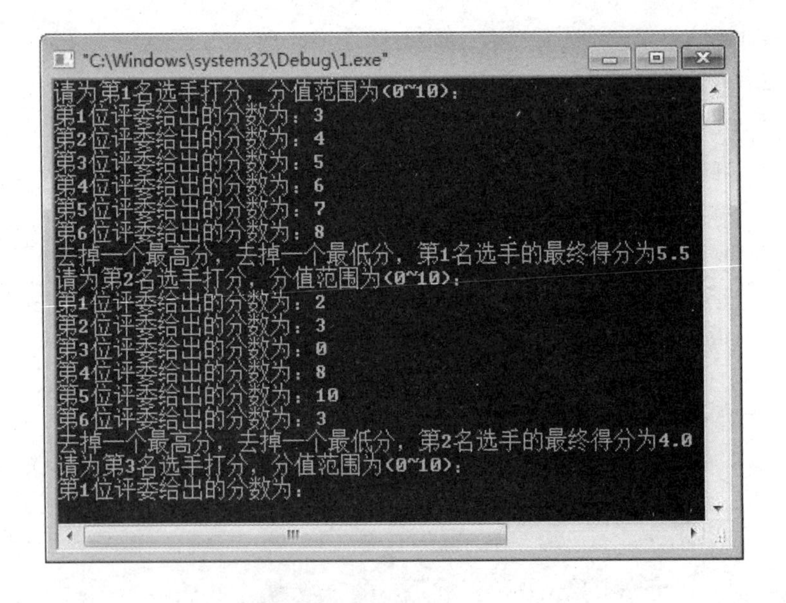

图 5-6　选手得分输出

(3) 对所有选手最后得分从高到低进行排序。请运用所学知识编程实现。

【参考答案】

ex5-7.c

```
#include<stdio.h>
#include<conio.h>
int main()
{
   float avg[10],temp;//定义变量用于存放选手得分
   int score[10][6],sum,max,min;//定义一二维数组，存放评委打分
   int i,j;
   for(i=0;i<10;i++)
   {
        sum=0;
        max=0;
        min=10;
        printf("请为第%d 名选手打分，分值范围为(0~10)：\n",i+1);
        for(j=0;j<6;j++)
        {
             printf("第%d 位评委给出的分数为：",j+1);
             scanf("%d",&score[i][j]);
             while(score[i][j]<0||score[i][j]>10)
             {
                  printf("分数必须介于 0 与 10 之间，请重新打分：");
                  scanf("%d",&score[i][j]);
             }
             if(max<score[i][j])
                  max=score[i][j];
             if(min>score[i][j])
                  min=score[i][j];
             sum+=score[i][j];
        }
        avg[i]=(float)(sum-max-min)/4;
        printf("去掉一个最高分，去掉一个最低分，第%d 名选手的最终得分
为%.1f\n",i+1,avg[i]);
        printf("请按任意键继续...\n");
        getch();
   }
   for(i=1;i<10;i++)
   {
```

```
            for(j=0;j<10-i;j++)
            {
                if(avg[j]<avg[j+1])
                {
                    temp=avg[j];
                    avg[j]=avg[j+1];
                    avg[j+1]=temp;
                }
            }
        }
        printf("10 位选手最终得分从高到低依次为：\n");
        for(i=0;i<10;i++)
        {
            printf("%5.1f",avg[i]);
        }
        printf("\n");
        return 0;
    }
```

【运行效果（图 5-7）】

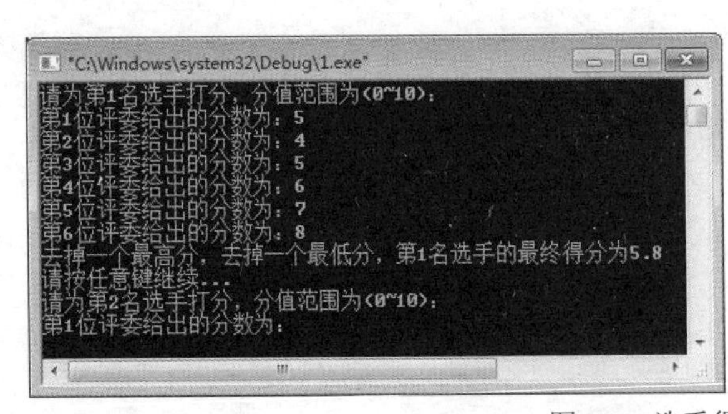

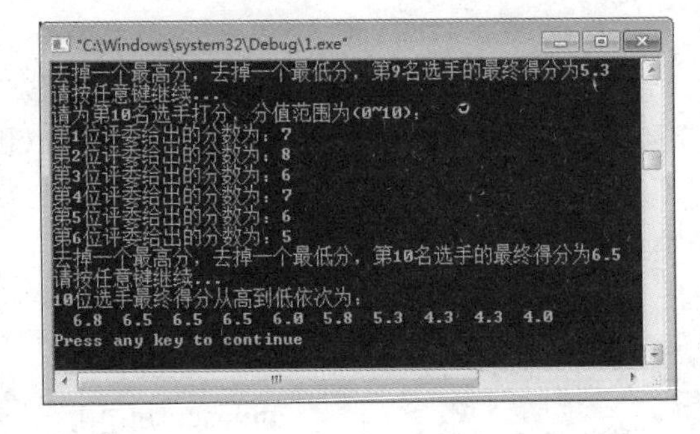

图 5-7　选手得分输出

【训练 2：简答】

(1) 简述二维数组的概念与定义方法。

(2) 试简述二维数组的初始化方法。

5.3 字符数组

5.3.1 案例需求

使用一维字符数组输出“*****”，使用二维字符数组输出金字塔形状。效果如图 5-8 所示：

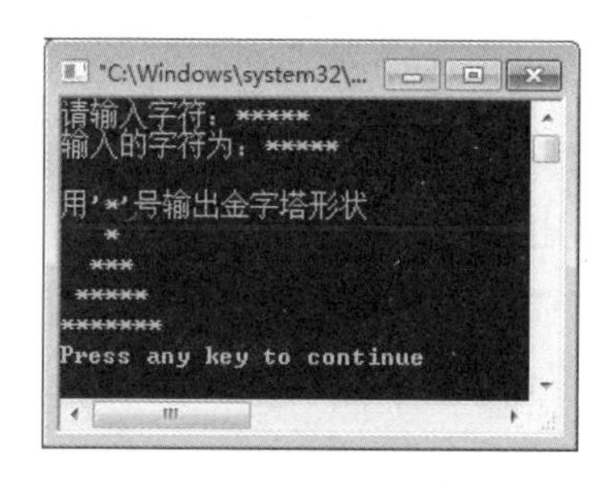

图 5-8 用“*”号输出不同形状

5.3.2 案例分析

（1）案例功能：输出一行*号，输出用*号组成的金字塔形状。

（2）案例讨论：前面已学过数组的概念，将定义数组形式中的类型符写为 char 即为字符数组，因此可参照前面所学例子输出指定形状。

5.3.3 相关知识点介绍

字符数组是用来存放字符数据的数组，字符数组中的一个元素存放一个字符。

1. **定义字符数组**

与定义数值型数组的方法类似，区别在于要定义的是字符型数据，所以在数组名前的类型符是 char。

例如：

char c[5];定义一包含 5 个元素的数组名为 c 的一维字符数组。

char ch[2][3];定义一包含 6 个元素的数组名为 ch 的二维字符数组。

2. **引用字符数组元素**

字符数组元素的引用和其他类型的数组一样，也是采用下标的形式，例如引用前面定义的数组 ch 中的元素：ch[0][0],ch[0][1]，…

3. **字符数组的初始化**

(1)字符数组初始化，最简单的方式是用“初始化列表”，把字符依次赋给数组中的元素。

例如：char c[5]={'H', 'e', 'l', 'l', 'o'};定义包含 5 个元素的字符数组，在大括号

内，每一个字符对应赋值一个数组元素。

(2)利用字符串给字符数组赋初值：C 语言中，用一个字符数组来存放一个字符串。例如：

char c[]={“Hello”};{}可以去掉，写成 char c[]=“Hello”;

4. 字符串和字符串结束标志

在 C 语言中，将字符串作为字符数组来处理，即使用一个一维数组保存字符串中的每一个字符，此时系统会自动为其添加'\0'作为结束符。在程序中，一般依靠检测'\0'的位置来判定字符串是否结束，而不是根据数组的长度来决定字符串长度。需要注意的是，在定义字符数组时应估计实际字符串长度，保证数组长度始终大于字符串实际长度，在实际工作中，比较注重的是字符串的有效长度而非字符数组的长度。

5. 字符数组的输入与输出

(1) 逐字符输入输出：用格式符%c 输入或输出一个字符。例如：

```
char c[5];
int i;
for(i=0;i<5;i++)
{
    scanf("%c",&c[i]);
}
for(i=0;i<5;i++)
{
    printf("%c",c[i]);
}
```

(2)将整个字符串一次输入或输出：用%s 格式符。例如：

```
char c[5];
scanf("%s",c);
printf("%s",c);
```

该例中，scanf 函数中的输入项 c 是定义过的字符数组名，输入的字符串长度应小于已定义的字符数组的长度；printf 函数用于输出字符串的有效字符。

提示：

① 初始化字符数组时，元素字符使用单引号进行表示。

② 输出字符数组元素时，printf 中使用%c。

③ '\0'代表 ACSII 码为 0 的字符，ASCII 码为 0 的字符是一个“空操作符”。

5.3.4 程序实现

1. 编程思路

输出一行*号，即输出由*组成的字符串，由于在 C 语言中没有字符串，字符串是作为

字符数组来处理的，因此需定义一个字符型的一维数组 c，然后用输入函数输入数组元素值；输出*号组成的金字塔形状，需定义一字符型的二维数组 pyr，用初始化列表进行初始化，包括空白字符与'*'字符，初始化列表中的字符顺序为图 5-8 中的字符顺序，这样字符数组中已存放一金字塔形状。

2. 编写代码

ex5-8.c

```
#include <stdio.h>
#include<conio.h>
int main()
{
    char c[5];
    char pyr[4][7]={{' ',' ',' ','*'},{' ',' ','*','*','*'},{' ','*','*','*','*','*'},{'*','*','*','*','*','*','*'}};
    int i,j;
    printf("请输入字符：");
    for(i=0;i<5;i++)
    {
        scanf("%c",&c[i]);
    }
    printf("输入的字符为：");
    for(i=0;i<5;i++)
    {
        printf("%c",c[i]);
    }
    printf("\n\n 用'*'号输出金字塔形状\n");
    for(i=0;i<4;i++)
    {
        for(j=0;j<7;j++)
        {
            printf("%c",pyr[i][j]);
        }
        printf("\n");
    }
    return 0;
}
```

5.3.5 拓展训练

【训练 1】

输入两个字符串，并将输入的字符串连接起来后输出，如：输入 hello、mary 两个单词，输出 hellomary。

【参考答案】

ex5-9.c

```
#include<stdio.h>
#include<string.h>
int main()
{
   char str1[50],str2[20];
   int i=0,j=0;
   printf("输入第一个字符串：");
   gets(str1);
   printf("输入第二个字符串：");
   gets(str2);
   while(str1[i]!='\0')
   {
         i++;
   }
   while(str2[j]!='\0')
   {
         str1[i++]=str2[j++];
   }
   str1[i]='\0';
   printf("连接后的新字符串为：%s\n",str1);
   return 0;
}
```

【运行效果（图 5-9）】

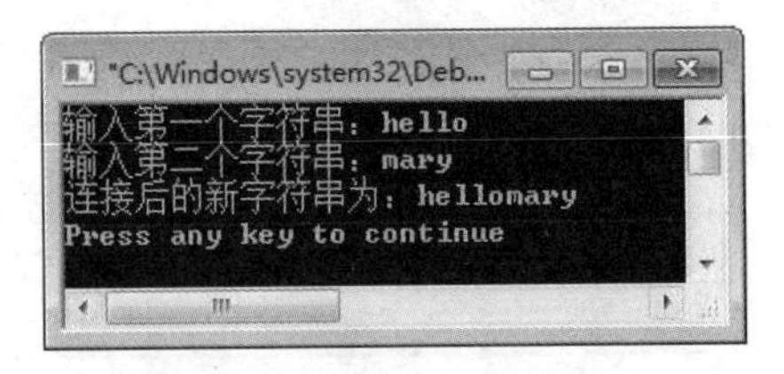

图 5-9 连接输入的两个字符串

【训练 2：简答】

（1）简述字符数组的概念与定义方法。

（2）简述字符数组的输入与输出方法。

5.4 字符串函数

5.4.1 案例需求

输入 4 个长度不超过 20 的字符串，将这 4 个字符串按照字典顺序连接，然后输出。效果如图 5-10 所示：

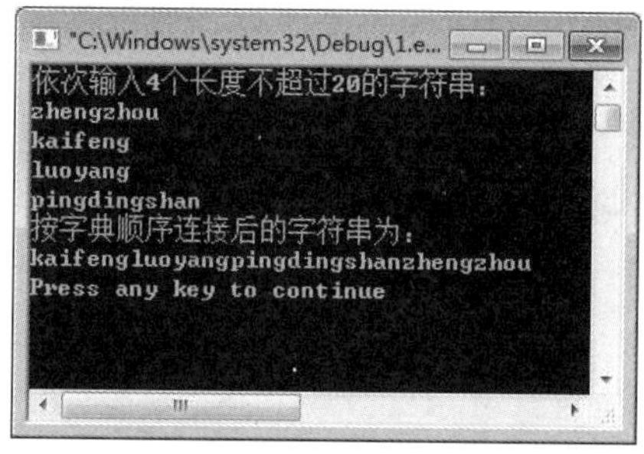

图 5-10 按字典序输出字符串

5.4.2 案例分析

（1）案例功能：输入 4 个字符串，按照字典顺序连接，然后输出。

（2）案例讨论：前面已经学过字符数组的相关知识，可以完成数组的定义与数组元素的输入输出，除此之外，本例还要求按照字典顺序连接字符串，需要解决字符串的排序与连接问题，根据前面所学知识解决起来比较麻烦，因此可以利用 C 语言编译系统提供的库函数来实现。

5.4.3 相关知识点介绍

C 语言中提供了一些专门用于**处理字符串的函数**，在程序中出现这些函数时，需要在程序开始引用#include <string.h>，下面对常见的几种进行介绍。

（1）**puts 函数**：字符串输出函数，一般形式为：puts(字符数组)。其作用为将一字符串输出到终端。例如：

```
char c[5];
scanf("%s",c);
puts(c);
```

用 puts 函数输出的字符串中可以包含转义字符。例如：

```
char c[20]="Good\nMorning";
puts(c);
```

输出结果为：

```
Good
```

```
Morning
```

（2） **gets 函数**：字符串输入函数，一般形式为：gets(字符数组)。其作用为从终端输入一个字符串到字符数组，并且得到一个函数值，该值是字符数组的起始地址。例如：

```
gets(c);
```

从键盘输入 Hello，将输入的字符串送给字符数组 c(送给字符数组的是 6 个字符)，返回的是字符数组 c 的起始地址。

（3） **strcat 函数**：字符串连接函数，一般形式为：strcat(字符数组 1，字符数组 2)。其作用是将两个字符数组中的字符串连接起来，字符串 2 接到字符串 1 的后面，结果放在字符数组 1 中，字符数组 1 的长度必须足够大，以容纳连接后的字符串。函数调用后得到一个函数值——字符数组 1 的起始地址。例如：

```
char str1[30]="Hello";
char str2[]="World";
printf("%s",strcat(str1,str2));
```

输出结果为：HelloWorld

字符串连接前，每个字符串后面都有'\0'，连接时将字符串 1 后面的'\0'取消，只在新字符串后保留“\0”。

（4）**strcpy 和 strncpy 函数**：字符串复制函数，strcpy 的一般形式为：strcpy(字符数组 1，字符串 2)，其作用是将字符串 2 复制到字符数组 1 中。例如：

```
char str1[10],str2[]="Hello";
strcpy(str1,str2);
```

字符数组 1 的长度不能小于字符串 2 的长度，且字符数组 1 必须写成数组名形式，字符串 2 可以是字符数组名，也可以是一个字符串常量；不能用赋值语句将一个字符串复制到另一个字符数组中，用赋值语句只能将一个字符赋值给另一个字符型变量或字符数组元素。例如：

```
char str1[5]="HELL",c1,c2;
c1='a';c2='b';
str1[0]='H';str1[1]='e';str1[2]='l';str1[3]='l';
```

strncpy 的一般形式是：strncpy(字符数组 1，字符串 2，n)，其作用是将字符串 2 的前 n 个字符复制到字符数组 1 中。例如：

```
char str1[5]="HELL",str2[]="hell";
strncpy(str1,str2,2);
puts(str1);
```

输出结果为：heLL

（5） **strcmp 函数**：字符串比较函数，一般形式为：strcmp(字符串 1，字符串 2)。其作用为：比较字符串 1 和字符串 2。例如：

```
char str1[6]="HELLO",str2[6]="HELIO";
if(strcmp(str1,str2)>0)
    printf("字符串 1 大于字符串 2");
```

字符串比较的规则是：将两个字符串自左至右逐个字符比较(按照 ASCII 码值大小比较)，直到出现不同的字符或遇到“\0”为止。如果全部字符相同，则认为两个字符串相等；如果出现不相同的字符，则以第一对出现的不相同字符比较结果为准，字符串 1=字符串 2，则函数值为 0，字符串 1>字符串 2，则函数值为一个正整数，字符串 1<字符串 2，则函数值为一个负整数。

（6） **strlen 函数**：测字符串长度的函数，一般形式为：strlen(字符数组)。其作用为：测试字符串的实际长度，不包括'\0'在内。

```
char c[10]="Hello";
printf("%d",strlen(c));
```

输出结果为：5

（7） **strlwr 函数与 strupr 函数**：大小写相互转换函数，一般形式：strlwr(字符串)。其作用是将字符串中的大写字母转换成小写字母。strupr(字符串)，其作用是将字符串中的小写字母转换成大写字母。例如：

```
char c[10]="Hello";
printf("%s\n",strlwr(c));
printf("%s",strupr(c));
```

输出结果为：hello

HELLO

> 提示：
>
> ① puts 与 gets 函数只能输出或输入一个字符串，而非多个。
>
> ② 使用字符串函数时，在程序开头用#include <string.h>。
>
> ③ 字符串进行比较时，小写字母比大写字母大。

5.4.4 程序实现

1．编程思路

本例问题的关键在于如何按字典顺序对字符串进行排序，用库函数 strcmp 比较两个字符串的大小，采用前面的排序算法对字符串进行排序，然后将排序过的字符串通过 strcat 函数连接起来，最后利用 puts 函数进行输出。

2．编写代码

ex5-10.c

```
#include <stdio.h>
#include<string.h>
int main()
{
    char str[100]={'\0'};
    char str1[4][21],temp[21];
```

```
    int i,j;
    printf("依次输入 4 个长度不超过 20 的字符串：\n");
    for(i=0;i<4;i++)
    {
        gets(str1[i]);
    }
    for(i=1;i<4;i++)
    {
        for(j=0;j<4-i;j++)
        {
            if(strcmp(str1[j],str1[j+1])>0)
            {
                strcpy(temp,str1[j]);
                strcpy(str1[j],str1[j+1]);
                strcpy(str1[j+1],temp);
            }
        }
    }
    for(i=0;i<4;i++)
    {
        strcat(str,str1[i]);
    }
    printf("按字典顺序连接后的字符串为：\n");
    puts(str);
    return 0;
}
```

5.4.5 拓展训练

【训练 1】

输入两个字符串，对其进行比较后输出两个字符串中第一个不同字符的 ASCII 码之差。

【参考答案】

ex5-11.c

```
#include<stdio.h>
int main()
{
   char str1[50],str2[50];
```

```
    int i=0,num;
    printf("输入第一个字符串：");
    gets(str1);
    printf("输入第二个字符串：");
    gets(str2);
    while(str1[i]==str2[i]&&str1[i]!='\0')
        i++;
    num=str1[i]-str2[i];
    printf("%d\n",num);
    return 0;
}
```

【运行效果（图 5-11）】

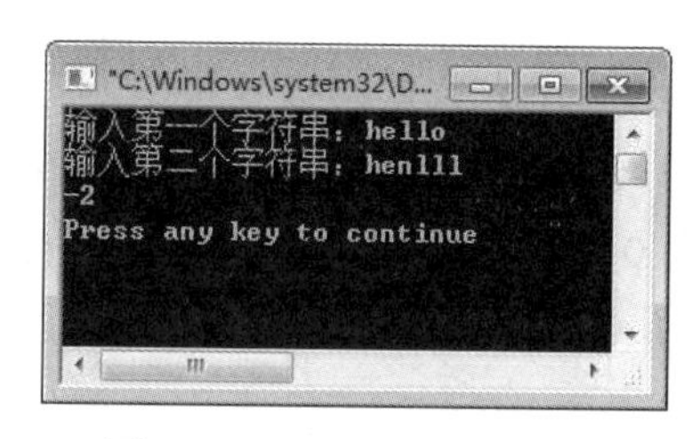

图 5-11 比较字符大小

【训练 2：简答】

（1） 常见的处理字符串函数有哪些，试写出 5 个。

（2）在程序中使用字符串处理函数时，需要引入的头文件是？

5.5 实战经验

1. 一维数组

(1)数组是可以在内存中连续存储多个元素的结构，所有元素必须属于相同类型。

(2)数组格式：元素类型 数组名[元素个数]。

(3)数组名为整个数组的起始地址。

(4)数组的特点：只能存放单一元素的数据，里面存放的数据成员为数组元素。

(5)数组的初始化：int a[5]={1,2,3,4,5};。

(6)数组元素有顺序之分，每个元素都有唯一的下标，下标从 0 开始。

(7)数组的声明：声明数组的类型，声明数组的元素个数。

(8)数组常见声明方式：

int a[5];数组为空数组。

int a[]={0,1,2,3,4};长度为 5，初值为 0 到 4 的数组。

int a[5]={0};初值均为 0 的数组。

数组元素下标应是一个整型常量或整型表达式。

只能引用数组元素而不能一次调用整个数组全部元素的值。

2．二维数组

(1)二维数组是把一维数组中的各个元素变成数组。

(2)二维数组的初始化：int a[2][3]={1,2,3,4,5,6};

(3)二维数组的行下标、列下标均从 0 开始。

(4)a[2][3]={1,2,3,4,5,6}相当于一个 2 行 3 列的矩阵，具体为：

a[0][0]=1	a[0][1]=2	a[0][2]=3
a[1][0]=4	a[1][1]=5	a[1][2]=6

3．字符数组

(1)字符数组可以用来存放字符串。

(2)初始化字符数组时，元素字符前后需要有单引号。

(3)输出字符数组元素时，printf 中使用%c。

(4)printf 中使用%s，后接数组名，可将字符串全部输出。

(5) '\0'代表 ASCLL 码为 0 的字符，ASCII 码为 0 的字符是一个“空操作符”。

(6)如果字符串长度短于字符数组长度，则未被赋值的元素为‘\0’。

4．字符串函数

字符串函数使用时必须有头文件#include<string.h>。

(1)puts 函数：输出字符串。

一般形式：puts(字符数组)。

(2)gets 函数：输入字符串。

一般形式：gets(字符数组)。

puts 和 gets 函数只能输出或输入一个字符串。

(3)strcat 函数：连接字符串。

一般形式：strcat(字符数组 1,字符数组 2)。

字符数组 2 连接到字符数组 1 后面，但字符数组 1 长度必须足够大。

(4)strncpy 函数：复制字符串。

一般形式：strcpy(字符数组 1,字符数组 2)。

字符数组 2 复制到字符数组 1 中，但字符数组 1 长度不能小于字符数组 2。

一般形式：strncpy(字符数组 1,字符数组 2,n)。

字符数组 2 的前 n 个字符复制到字符数组 1 中，但字符数组 1 长度不能小于 n。

(5)strcmp 函数：比较字符串。

一般形式：strcmp(字符数组 1,字符数组 2)。

比较规则：将两个字符串自左至右按 ASCLL 码值大小逐个比较，直到出现不同的字符或遇到'\0'为止。

若 1>2，返回一个正整数；

若 1<2，返回一个负整数；

若 1=2，返回 0。

字符串进行比较时，小写字母比大写字母大。

(6) strlen 函数：测字符串长度，不包括“\0”。

一般形式：strlen(字符数组)。

(7) strlwr 和 strupr 函数：大小写转换。

一般格式：strlwr(字符数组)，大写转小写。

一般格式：strupr(字符数组)，小写转大写。

习题

1. 通过输入一系列商品的价格，求出所有商品的总价格。

2. 输入多个学生学号与成绩，并显示出来。

3. 从键盘接收 5 个数，求其中最大最小值。

4. 输入 10 个数保存在一个数组中，然后输入需要查找的某个数，若存在则显示其在数组中的位置，否则给出提示：“该数在数组中不存在”。

5. 假设一个数组元素是有序的（由大到小），向这个数组中插入一个元素，使得插入后的数组仍具有原来的有序性。

第 6 章　函数的应用

【教学目标】

通过实际案例掌握函数在程序中的应用。

【技能目标】

掌握函数在实际程序编写中的应用，能使用函数的相关知识编写简单的应用程序，实现模块化编程。

【知识目标】

1. 函数的概念、定义、调用方法。
2. 函数原型、函数声明。
3. 函数的返回值、函数调用中参数的传递方法。
4. 函数嵌套调用、递归函数的应用。
5. 全局变量、局部变量。

【教学重点】

引导学生进行思维发散，掌握函数在实际程序中的应用。

6.1 函数的定义

6.1.1 案例需求

打印由“*”组成的金字塔形状。如图 6-1 所示：

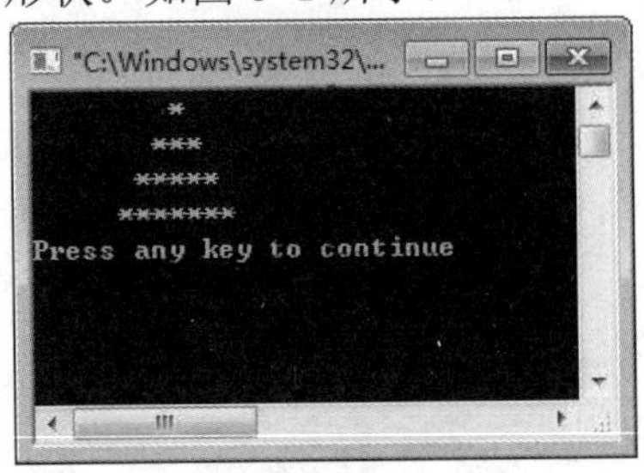

图 6-1　打印字符图形运行界面

6.1.2 案例分析

(1)案例功能：打印按照一定规律由“*”组成的金字塔型字符图形。

(2)案例讨论：在数组章节中已经用二维字符数组实现了打印金字塔形状的功能，用初始化赋值的方法可以实现，但是“*”的行数较少，如果行数增多，十行，甚至百行，则此种方法不适合；观察图形可知，金字塔的每行由“*”与空格组成，如果把“*”与空格抽象成为字符，将每行字符的输出用函数实现，程序中通过多次调用函数实现字符的输出可以简化程序的编写，提高运行效率。

6.1.3 相关知识点介绍

(1)**函数的概念。**构成 C 程序的基本单位，函数中包含程序的可执行代码。在设计一个较大的程序时，往往把它分为若干个程序模块，每个模块包括一个或多个函数，每个函数实现一个特定的功能。任何一段 C 语言程序都由若干个函数组成，其中主函数(main())只有一个，其他函数可以通过相互调用来起作用，但是其它函数不能调用主函数。

C 程序的执行总是从 main 函数开始，完成对其它函数的调用后再返回到 main 函数，最后由 main 函数结束整个程序。

(2)**函数的定义。**C 语言中，在程序中用到的函数，必须遵循“先定义，后使用”的原则，定义函数需要包括以下几个内容：函数类型、函数名、函数的参数名与类型、函数的功能。

一般格式为

```
〈函数类型〉〈函数名〉(〈形式参数表〉)
{
   函数体
}
```

〈函数类型〉：所定义函数在执行完成后返回结果的数据类型，即返回值的类型，可以是 int、char、double 等基本数据类型。如果一个函数在执行后不返回任何结果值，那么该函数就是一个无返回值的函数，其〈函数类型〉为 void，例如：

```
void printstar()
{
    printf("%c",'***********');
}
```

〈函数名〉：所定义函数的名称，可以是 C 语言中任何合法的标识符。

〈形式参数表〉：对于无参函数来说〈形式参数表〉为空，但是()不能省略；而有参函数的〈形式参数表〉是由“〈类型〉〈参数〉”对组成的，每对之间用逗号隔开。例如：定义函数 max 如下：

```
int max(int x,int y)
{
    int z;
    z=x>y?x:y;//条件表达式
    return z;
}
```

其中 max 为函数名，其前面的 int 为函数返回值类型，x、y 为形式参数。

条件表达式 z=x>y?x:y;的一般形式为表达式 1?表达式 2:表达式 3。其在程序中的执行顺序如下：

(1) 求解表达式 1；

(2) 若为非 0(真)则求解表达式 2，此时表达式 2 的值就作为整个条件表达式的值；

（3）若表达式 1 的值为 0（假），则求解表达式 3，此时表达式 3 的值就是整个条件表达式的值。

提示：

①所有的函数定义平行，即一个函数的函数体内，不能定义另一个函数。
②函数必须先定义，后调用。
③函数名虽然为合法的标识符即可，但最好能见名知意。

6.1.4 程序实现

1. 编程思路

打印字符图形要一行一行地输出，每行要先打印空格，再打印字符（本例为“*”），最后结束打印换行。因此可将重复用到的打印一行字符程序语句封装起来成一模块，每次需要时直接使用即可，由此就用到了 C 语言中的函数，可以将打印一行字符写成一个 printchar(int x,char y)函数，其中 x 表示需要打印的字符个数，y 表示需要打印的字符，在需要完成该功能时调用，给定参数（字符和个数）即可输出结果。printchar()函数与主函数流程图 6-2 和图 6-3 所示：

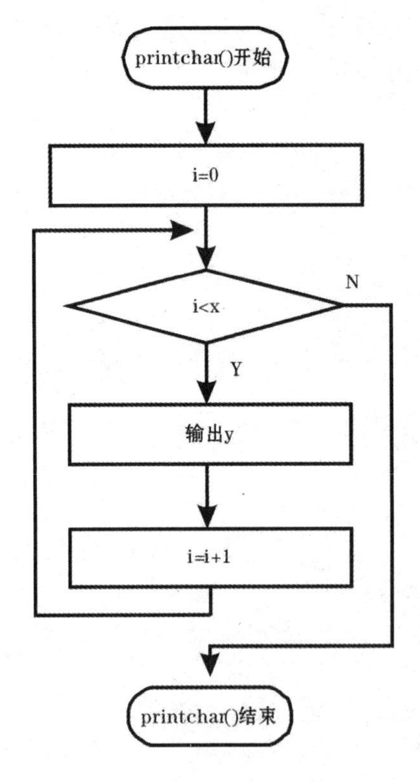

图 6-2　printchar()函数流程图

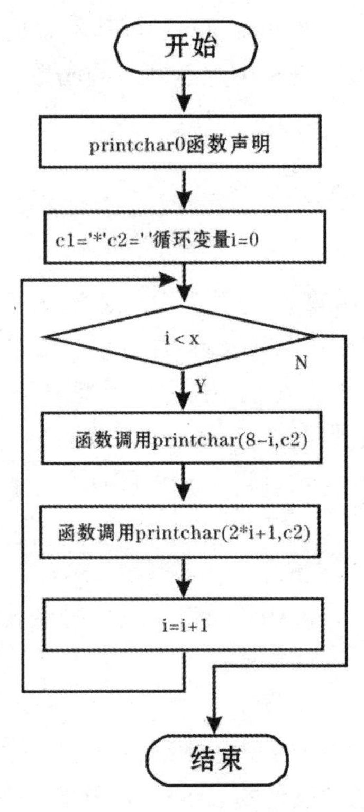

图 6-3　main()函数流程图

2. 编写代码

ex6-1.c

```
#include <stdio.h>
void printchar (int x,char y)
int main()
{
   void printchar(int x,char y);
   int i,x=4;//x 为输出行数
   char c1='*',c2=' ';
   for(i=0;i<x;i++)
   {
         printchar(8-i,c2);
         printchar(2*i+1,c1);
         printf("\n") ;
   }
   return 0;
}
void printchar(int x,char y)
{
   int i;
   for (i=0;i<x;i++)
         printf("%c",y);
}
```

6.1.5 拓展训练

【训练 1】

改写 ex6-1 中自定义函数 void printchar(int x,char y)，输出下列字符图形。

A

BB

CCC

DDDD

【参考答案】

ex6-2.c

```
#include<stdio.h>
void printchar(int x,char y)//定义输出 x 个 y 字符的函数
```

```
{
    int i;
    for (i=0;i<x;i++)
        printf("%c",y);
}
int main()
{
    int i;
    char c1='A' ;
    for (i=0;i<4;i++)              //通过循环打印字符图形
    {
        printchar(6,' ');           //调用函数 printchar()打印空格字符
        printchar(i+1,(char)(c1+i));     //调用函数 printchar()打印 A\B\C\D 字符
        printf("\n") ;              ////打印换行
     }
    return 0;
}
```

【运行效果（图 6-4）】

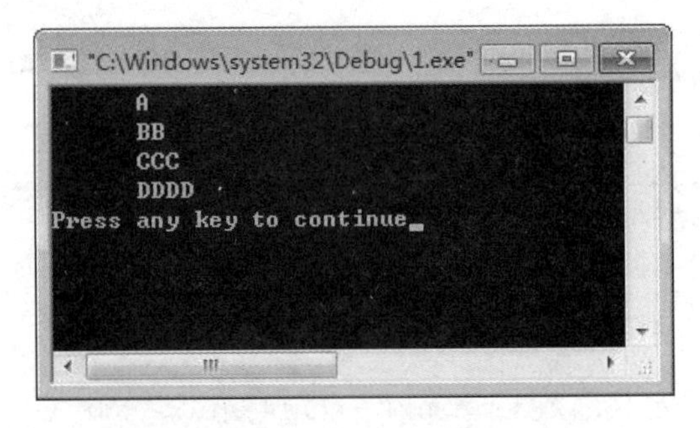

图 6-4　输出由字母组成的图形

【训练 2：简答】

(1)简述什么是函数?定义函数需要包含哪些内容?

(2) 写出条件表达式的一般形式，并描述其在程序中的执行顺序。

6.2 函数调用与函数参数

6.2.1 案例需求

编写一个简单计算器，能够进行 10 以内的加减算术测试。计算机随机给出 10 道加减测试题，答题后显示正确或错误信息，结束统计成绩，并输出。如图所示：

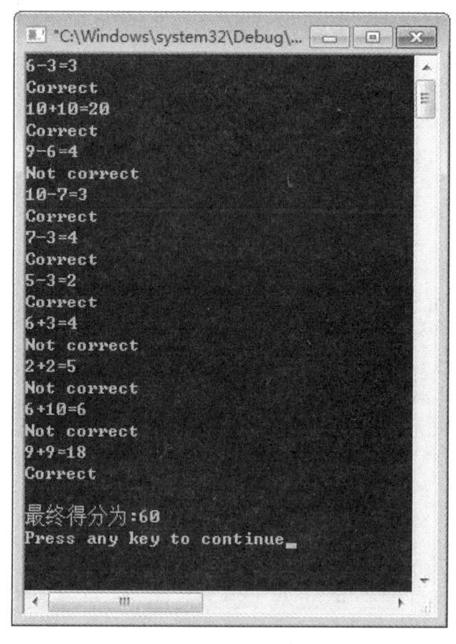

图 6-5　程序运行界面

6.2.2 案例分析

（1）案例功能：实现随机出题，答题后系统进行判断，根据正确与否给出分值。

（2）案例讨论：使用学过的知识虽然可以实现，但是将所有代码写在一个函数里会使整个程序过于冗长、条理不清晰，可使用模块化思想进行解决，将要实现的功能分解成一个个小的功能，分别用函数实现。

6.2.3 相关知识点介绍

1. 函数的调用

(1)一般形式为

函数名(实际参数表)

按照函数调用在程序中出现的形式和位置，其调用方式分为 3 种：

1） 把函数调用单独作为一个语句：如 ex6-1.c 中的 printchar(8-i,c2);

2） 函数调用出现在另一个表达式中以函数返回值参与表达式的运算,这种方式要求函数是有返回值的：如：c=max(a,b);

3） 作为另一个函数调用时的参数，即把函数的返回值作为实参进行传送：如 c=max(a,max(b,c))；

(2)函数调用时的数据传递

形式参数：定义函数时，函数名后面括号内的变量名称为形式参数，简称“形参”；形参变量只有在被调用时才分配内存单元，在调用结束时，即刻释放所分配的内存单元。因此，形参只有在函数内部有效，函数调用结束返回主调函数后则不能再使用该形参变量。

实际参数：调用函数时函数名后面括号内的参数称为实际参数，简称“实参”；实参可以是常量、变量、表达式、函数等，无论实参是何种类型，在进行函数调用时，它们都必须具有确定的值，以便把这些值传送给形参。因此应预先用赋值、输入等办法使实参获得确定值。

在函数调用过程中系统把实参的值传递给形参，实参和形参在数量上、类型上、顺序上应严格一致，否则会发生“类型不匹配”的错误；函数调用中发生的数据传送是单向的，即只能把实参的值传送给形参，而不能把形参的值反向地传送给实参。 因此在函数调用过程中，形参的值发生改变，而实参中的值不会变化。

2．被调用函数的声明与函数原型

被调用函数必须是已经定义的函数（库函数或用户自己定义的函数），如果使用 C 编译系统提供的库函数，用户无须定义，也不必在程序中作类型说明，只需在本文件开头加相应的#include 指令；如果使用自定义函数，且定义该函数的位置在调用它的函数后面，应该进行声明。

在主调函数中调用某函数之前应对该被调函数进行说明（声明），这与使用变量之前要先进行变量说明是一样的。在主调函数中对被调函数作说明的目的是使编译系统知道被调函数返回值的类型，以便在主调函数中按此种类型对返回值作相应的处理。

其一般形式为：

类型说明符 被调函数名(类型 形参，类型 形参,…)；

或为：类型说明符 被调函数名(类型，类型,…)；

括号内给出了形参的类型和形参名，或只给出形参类型，这便于编译系统进行检错，以防止可能出现的错误。例如：ex6-2 main 函数中的 int test(int answer1, int answer0)；可写为 int test(int, int)；

C 语言中规定在以下几种情况时可以省去主调函数中对被调函数的函数声明：

(1)如果被调函数的返回值是整型或字符型时，可以不对被调函数作说明，而直接调用。这时系统将自动对被调函数返回值按整型处理。

(2)当被调函数的函数定义出现在主调函数之前时，在主调函数中也可以不对被调函数再作说明而直接调用。

(3)如在所有函数定义之前，在函数外预先说明了各个函数的类型，则在以后的各主调函数中，可不再对被调函数作说明。例如：

```
char str(int a);
float f(float b);
int main()
```

```
{
 ……
}
char str(int a)
{
 ……
}
float f(float b)
{
 ……
}
```

其中第一，二行对 str 函数和 f 函数预先作了说明。因此在以后各函数中无须对 str 和 f 函数再作说明就可直接调用。

(4)对库函数的调用不需要再作说明，但必须把该函数的头文件用 include 命令包含在源文件前部。

3. 函数的值（函数返回值）

函数的值是指函数被调用之后，执行函数体中的程序段所取得的并返回给主调函数的值。对函数的值(或称函数返回值)有以下一些说明：

(1)函数的值只能通过 return 语句返回主调函数。return 语句的一般形式为：

return　表达式；　或者为：　return　（表达式）；

该语句的功能是计算表达式的值，并返回给主调函数。在函数中允许有多个 return 语句，但每次调用只能有一个 return 语句被执行，因此只能返回一个函数值。

(2)函数值的类型和函数定义中函数的类型应保持一致。如果两者不一致，则以函数类型为准，自动进行类型转换。

(3)如函数值为整型，在函数定义时可以省去类型说明。

(4)不返回函数值的函数，可以明确定义为“空类型”，类型说明符为“void”。

一旦函数被定义为空类型后，就不能在主调函数中使用被调函数的函数值了。

提示：

①实参与形参的类型相同或赋值兼容。

②函数类型决定返回值类型。

③实参向形参的数据传递为值传递时，只能单向传递。

6.2.4 程序实现

1. 编程思路

每次显示一道题目，输入答案，显示正误，最后统计成绩，该程序的核心在于计算机如何出题目，如何评分，其中出题函数 show()中使用 rand()随机出题，在 Test()中进行比较，分析答案是否正确，根据比较结果打印相应显示信息，并返回标记值，相同（即答案正确）返回 1，否则（即答案错误）返回 0。在主函数中循环调用两函数，循环结束则输出最终成绩。show()函数与主函数流程如图 6-6 和图 6-7 所示：

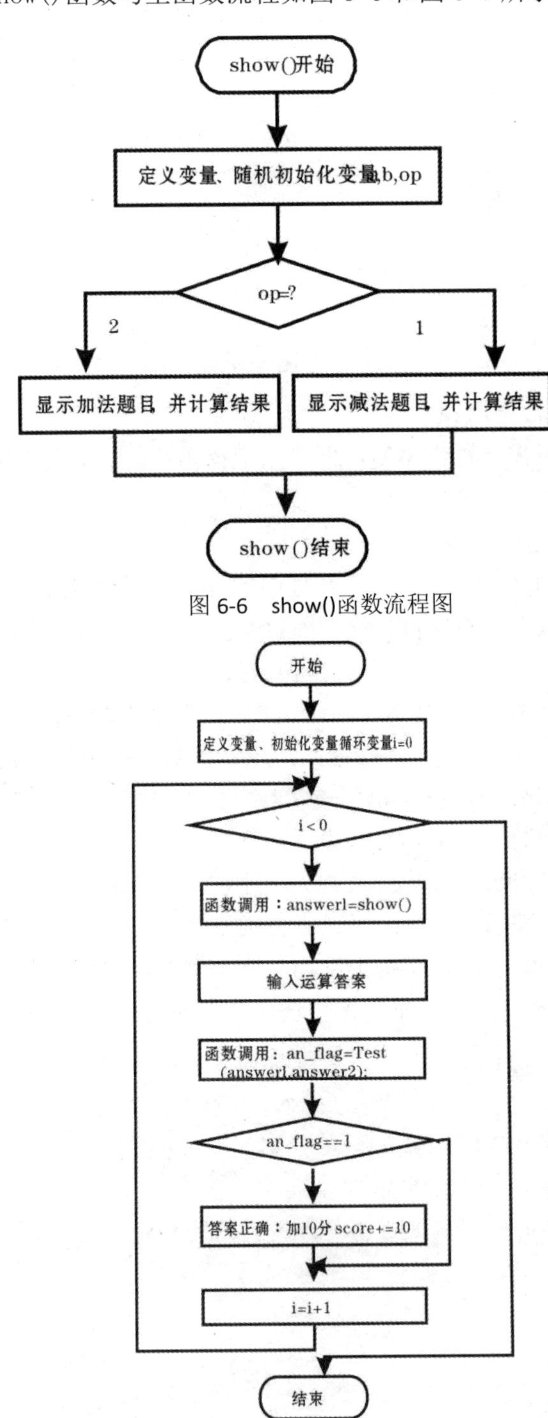

图 6-6 show()函数流程图

图 6-7 main()函数流程图

Test()函数流程图如 6-8 所示。

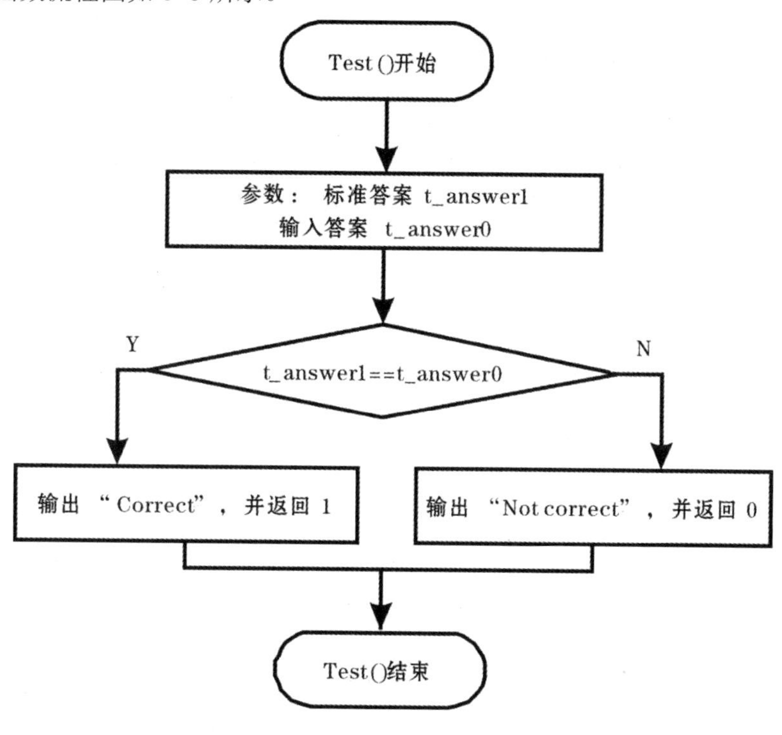

图 6-8　Test()函数流程图

2．编写代码

ex6-3.c

```
#include <stdio.h>
#include<stdlib.h>
#include<time.h>
int show()//无参函数
{
   int a,b,t,op,answer0;
   srand(time(0));//随机种子
   a = rand()%10 + 1;
   b = rand()%10 + 1;//产生 1-10 之间的随机数
   op = rand()%2 + 1;
   switch(op)
   {
         case 1: printf("%d+%d=", a, b);
                  answer0=a+b;
                  break;
         case 2:
                  if (a<b)
```

```
                    { t=a;a=b;b=t; }
                    printf("%d-%d=", a, b);
                    answer0=a-b;
                    break;
        }
    return (answer0); //函数的返回值 返回标准答案
 }
int Test(int t_answer1, int t_answer0)//有参函数
{
    if(t_answer1== t_answer0)
    {
        printf("Correct\n");
        return 1;
    }
    else
    {
        printf("Not correct \n");
        return 0;
    }
}
int main()
{
    int i,flag;
    int answer1,answer2,score = 0;
    for (i=0; i<10; i++)
    {
        answer1=show();
        scanf("%d",&answer2);
        flag = Test(answer1, answer2); //调用函数 test，获答题标记
        if (flag == 1)
            score+=10;
    }
    printf("\n 最终得分为:%d\n",score);
    return 0;
 }
```

6.2.5 拓展训练

【训练 1】

参照 ex6-3，实现一个 20 以内的加、减、乘、除共 20 道计算机练习测试的程序，每道题 5 分，总分 100 分。

【参考答案】

ex6-4.c

```
#include<stdio.h>
#include<stdlib.h>
#include<time.h>
int show()
{
   int a,b,t,op,answer0;
   srand(time(0));//随机种子
   a = rand()%20 + 1;
   b = rand()%20 + 1;//产生 1-20 之间的随机数
   op = rand()%4 + 1;// 随机生成 1~4 之间一个数，进而进行相应运算
   switch(op)
   {
   case 1: printf("%d+%d=", a, b); //显示题目
         answer0=a+b; //计算标准答案
         break;
   case 2:
         if (a<b)
         { t=a;a=b;b=t; }//限制出现负数
         printf("%d-%d=", a, b);
         answer0=a-b;
         break;
   case 3:printf("%d*%d=",a,b);
         answer0=a*b;
         break;
   case 4:printf("%d/%d=",a,b);
         answer0=a/b;
         break;
```

```
        }
    return (answer0); //返回标准答案
}
int Test(int t_answer1, int t_answer0)
{
    if(t_answer1==t_answer0)
    {
        printf("正确!\n");//答案正确，输出 Correct
        return 1;//返回值为 1
    }
    else
    {
        printf(" 错误! \n");//答案错误，输出 Not correct
        return 0;//返回值为 0
    }
}
int main()
{
    int i,an_flag;
    int answer1,answer2,score = 0;//定义变量
    for (i=0; i<20; i++)
    {
        answer1=show() ; //调用显示函数，获标准答案
        scanf("%d",&answer2);//输入运算答案
        an_flag = Test(answer1, answer2); //评分函数，获答题标记
        if (an_flag == 1)//答题标记为 1 则加 5 分
            score+=5;
    }
    printf("\nCorrect score:%d\n",score);//输出所得分数
    return 0;
}
```

【运行效果（图 6-9）】

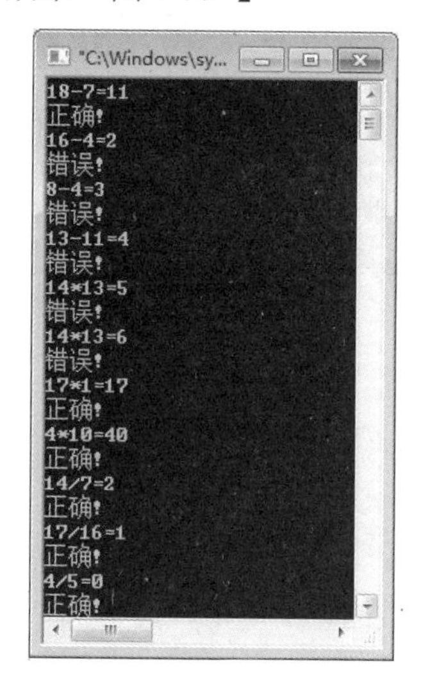

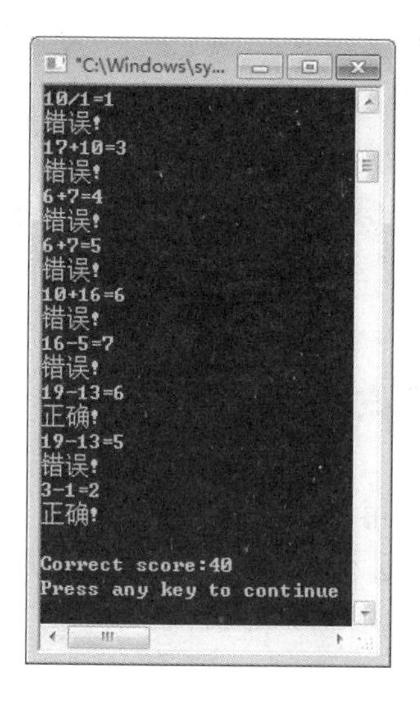

图 6-9　程序运行结果

【训练 2：简答】

（1）对形式参数与实际参数进行简单描述。

（2）试对 C 语言中可以省去主调函数中对被调函数的函数声明的几种情况进行简单描述。

6.3 函数的嵌套调用与递归调用

6.3.1 案例需求

编程求 1！+2！+3！+4！+...+n！，用递归求 n!。运行效果如图 6-10 所示：

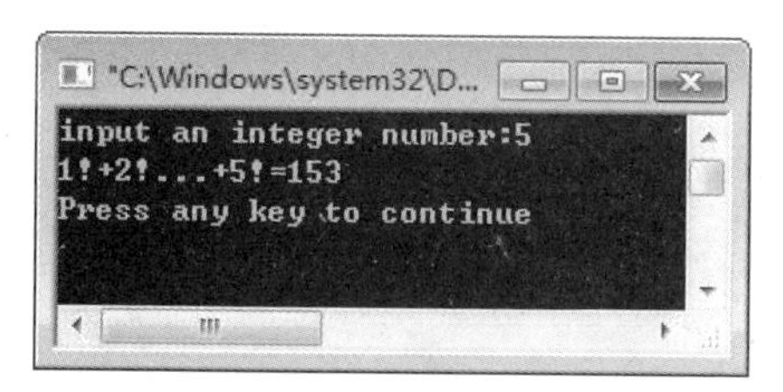

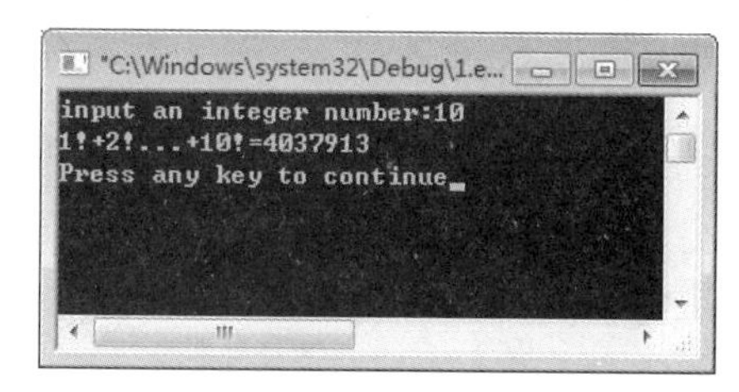

图 6-10　输出 1～n 的阶乘的和

6.3.2 案例分析

（1）案例功能：求 1～n 的阶乘的和。

（2）案例讨论： 求 1！到 n！的和，可以根据前面所学的循环知识编程实现，但是把其写在一个函数内将会导致程序条理不清晰，且违背了模块化编程思想，因此可以用函数来实现。

6.3.3 相关知识点介绍

1．函数的嵌套调用

C 语言中不允许进行函数的嵌套定义，因此各函数之间是平行的，不存在上一级函数和下一级函数的问题。但是 C 语言允许在一个函数的定义中出现对另一个函数的调用，这样就出现了函数的嵌套调用，即在被调函数中又调用其他函数，这与其他语言的子程序嵌套的情形是类似的。在实现例 ex6-5 的过程中，有 3 个函数，其中 main 函数为主函数，fac 函数用于求 n 的阶乘，add 函数用于求 1～n 的阶乘和。各函数之间调用关系如图 6-11 所示。

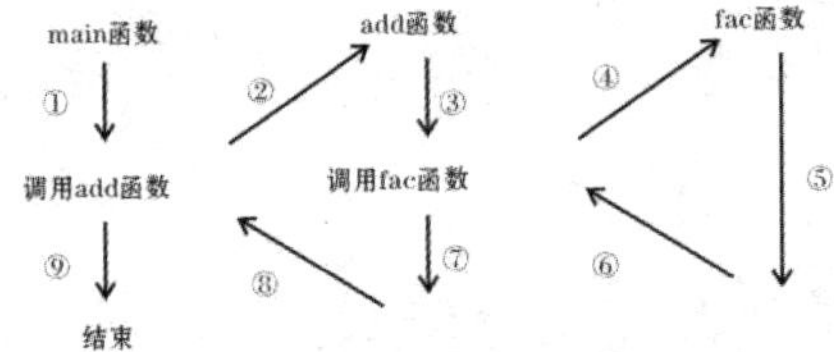

图 6-11 函数嵌套调用执行流程

上图表示了两层嵌套的情形。其执行过程是：执行 main 函数中调用 add 函数的语句时，即转去执行 add 函数，在 add 函数中调用 fac 函数时，又转去执行 fac 函数，fac 函数执行完毕返回 add 函数的断点继续执行，add 函数执行完毕返回 main 函数的断点继续执行。

2．函数的递归调用

在调用一个函数的过程中又出现直接或间接地调用该函数本身，称为函数的递归调用。含有直接或间接调用自己的函数称为递归函数。C 语言允许函数的递归调用，在递归调用中，主调函数又是被调函数，执行递归函数将反复调用其自身，每调用一次就进入新的一层。

在例 ex6-5 中，fac 函数中的调用为直接调用，如图 6-12 所示：

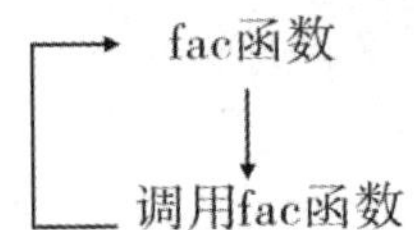

图 6-12 函数的直接递归调用

fac 函数直接调用 fac 函数，此为直接调用函数本身。

间接调用执行顺序如图 6-13 所示。

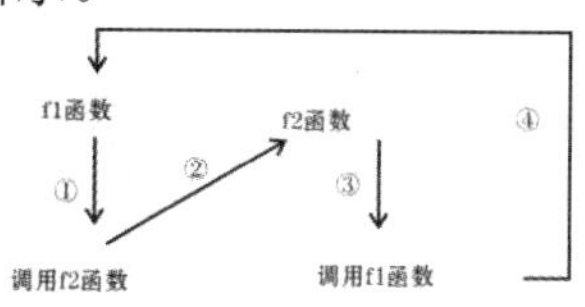

图 6-13 函数的间接递归调用

f1 函数调用 f2 函数，而 f2 函数中又调用了 f1 函数，执行完毕返回 f1，此为间接调用函数本身。

> **提示：**
>
> ①函数不能嵌套定义，但可以嵌套调用。
>
> ②函数内必须有终止递归调用的手段，一般是加条件判断。

6.3.4 程序实现

1. 编程思路

先求某项 n 的阶乘，求 n！用递归方法，即 5！等于 4！×5，而 4！=3！×4…，1！=1。可用下面的递归公式表示：

$$n! = \begin{cases} n! = 1 & (n = 0,1) \\ n \bullet (n-1)! & (n > 1) \end{cases}$$

求出某项的阶乘后，求和函数 add(n)调用求阶乘函数 fac(n)求和，最后在主函数 main()中调用求和函数得出最终结果。各函数流程图（图 6-14,图 6-15,图 6-16）如下所示：

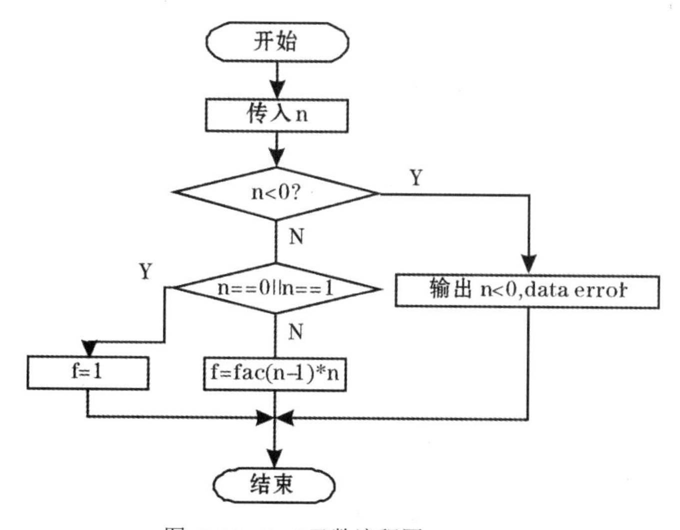

图 6-14　fac()函数流程图

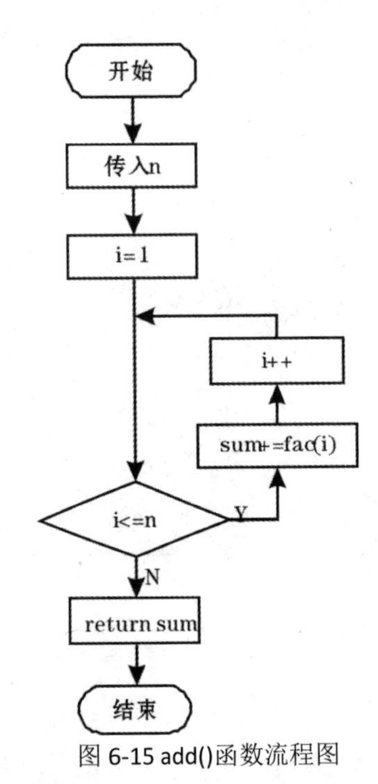

图 6-15 add()函数流程图

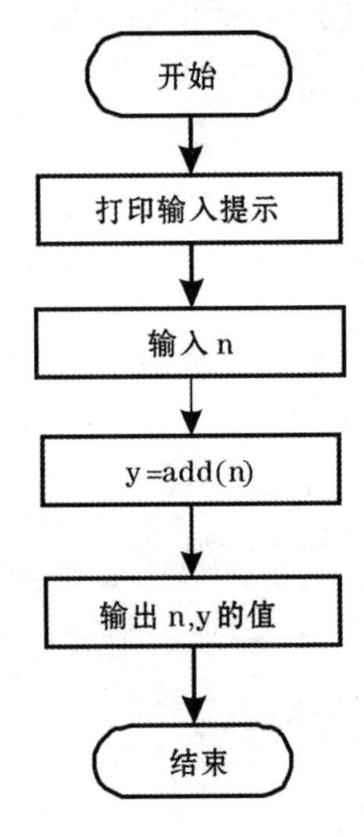

图 6-16 main()函数流程图

2. 编写代码

ex6-5.c

```
#include <stdio.h>
int main()
{
   int add(int n);
   int n,y;
   printf("input an integer number:");
   scanf("%d",&n);
   y=add(n);              //函数的嵌套调用
   printf("1!+2!...+%d!=%d\n",n,y);
   return 0;
}
int fac(int n)
 {
      int f;
      if(n<0)
          printf("n<0,data error!");
      else if(n==0|| n==1)
          f=1;
```

```
        else    f=fac(n-1)*n; //函数的递归调用
        return(f);
  }
 int add(int n)//求 1！ +2！ +...+n！ 的和
 {
    int i,sum=0;
    for(i=1;i<=n;i++)
    {
        sum+=fac(i);//调用 fac 函数，求整数阶乘
    }
    return sum;
 }
```

6.3.5 拓展训练

【训练 1】

计算学生年龄：有 5 个学生坐在一起，问第 5 个学生多少岁？他说比第 4 个学生大 2 岁；问第 4 个学生岁数，他说比第 3 个学生大 2 岁；问第 3 个学生，又说比第 2 个学生大 2 岁；问第 2 个学生，说比第 1 个学生大 2 岁；最后问第 1 个学生，他说是 10 岁；请问 5 个学生的年龄分别为多大？

请运行所讲知识编写程序实现。

【参考答案】

ex6-6.c

```
#include<stdio.h>
int main()
{
    int age(int n);
    int i;
    for(i=1;i<=5;i++)
    {
        printf("第%d 个学生年龄为：%d\n",i,age(i));
    }
    return 0;
}
int age(int n)
 {
      int c;
      if(n==1)
```

```
            c=10;
        else
            c=age(n-1)+2;
        return(c);
    }
```

【运行效果（图 6-17）】

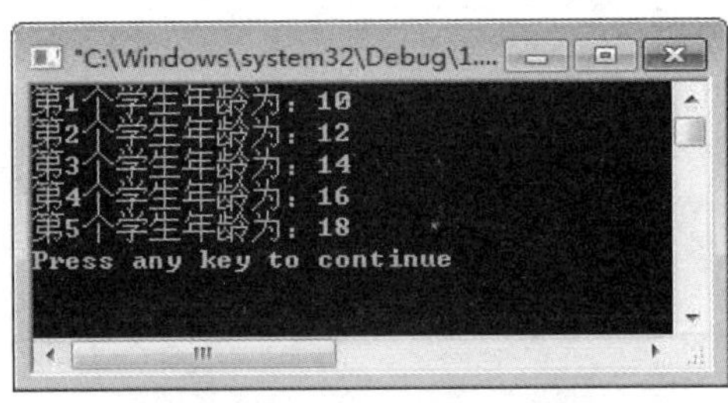

图 6-17 输出 5 个学生年龄

【训练 2：简答】

（1）什么是函数的递归调用。

（2）函数内是否需要有终止递归调用的语句？试说明原因。

6.4 全局变量与局部变量在函数中的应用

6.4.1 案例需求

调用自定义函数多次求最大值、最小值，并计算函数调用次数。效果如图 6-18 所示。

```
"C:\Windows\system32\D...
请输入a b的值:
4 5
the max is 5,the min is 4
请输入a b的值:
3 2
the max is 3,the min is 2
请输入a b的值:
8 6
the max is 8,the min is 6
请输入a b的值:
0 0
the max is 0,the min is 0
本程序共调用oper函数4次.
Press any key to continue
```

图 6-18 多次输出最大、最小值与执行次数

6.4.2 案例分析

（1）案例功能：多次求两数的最大值、最小值，并计算执行比较次数。

（2）案例讨论：使用学过的知识点能否实现、如何实现？

6.4.3 相关知识点介绍

在讲解函数的形参变量时提到，形参变量只在被调用期间才分配内存单元，调用结束立即释放。这一点表明形参变量只有在函数内才是有效的，离开该函数就不能再使用了。这种变量有效性的范围称为变量的作用域。不仅对于形参变量，C 语言中所有的变量都有自己的作用域。变量说明的方式不同，其作用域也不同。C 语言中的变量，按作用域范围可分为两种，即局部变量和全局变量。

1. 局部变量

局部变量也称为内部变量。局部变量是在函数内作定义说明的，其作用域仅限于函数内， 离开该函数后再使用这种变量是非法的。

例如：

```
int f1(int a)             /*函数 f1*/
{
        int b,c;
        ......
}
```

该函数内，a,b,c 有效。

```
int f2(int x)             /*函数 f2*/
{
        int y,z;
......
}
```

该函数内，x,y,z 有效。

```
int    main()
{
        int m,n;
        ......
}
```

该函数内，m, n 有效。

在函数 f1 内定义了三个变量，a 为形参，b, c 为一般变量。在 f1 的范围内 a, b, c 有效，或者说 a, b, c 变量的作用域限于 f1 内。同理，x, y, z 的作用域限于 f2 内，m, n 的作用域限于 main 函数内。需要注意的是：形参变量是被调函数的局部变量，实参变量是主调函数的局部变量。

静态局部变量：如果需要函数中局部变量的值在函数调用结束后不消失而保留原值，这时就应该指定局部变量为“静态局部变量”，用关键字 static 进行声明。

格式：

static 类型标识符 [变量 1],[变量 2],[],…;

静态局部变量属于静态存储类别，在程序整个运行期间都不释放。静态局部变量在编译时赋初值，即只赋初值一次；如果没有赋初值，则在编译时自动赋初值 0（对数值型变量）或空字符（对字符变量）。

2. 全局变量

全局变量也称为外部变量，它是在函数外部定义的变量。它不属于哪一个函数，而是属于一个源程序文件，其作用域是整个源程序。在函数中使用全局变量，一般应作全局变量说明。 只有在函数内经过说明的全局变量才能使用，全局变量的说明符为 extern。但在一个函数之前定义的全局变量，在该函数内使用可不再加以说明。

例如：

```
int a,b;             /*全局变量*/
void f1()            /*函数 f1*/
{
  ……
}
float x,y;           /*全局变量*/
int fz()             /*函数 fz*/
{
  ……
}
main()               /*主函数*/
{
  ……
}
```

从上例可以看出 a、b、x、y 都是在函数外部定义的外部变量，都是全局变量。但 x,y 定义在函数 f1 之后，而在 f1 内又无对 x,y 的说明，所以它们在 f1 内无效。a,b 定义在源程序最前面，因此在 f1,f2 及 main 内不加说明也可使用。

提示：

①主函数中定义的变量只能在主函数中使用，不能在其他函数中使用。

②允许在不同的函数中使用相同的变量名，它们代表不同的对象。

③在复合语句中也可定义变量，其作用域只在复合语句范围内。

6.4.4 程序实现

1．编程思路

一个函数最多只有一个返回值，如何利用一个函数求两数最大值、最小值两个结果，需要用到全局变量，通过自定义函数实现该功能；在主函数内进行多次调用时，如何计算函数调用次数？本例通过在函数内定义静态局部变量进行实现。oper()函数与主函数流程图（图 6-19 和 6-20）如下所示：

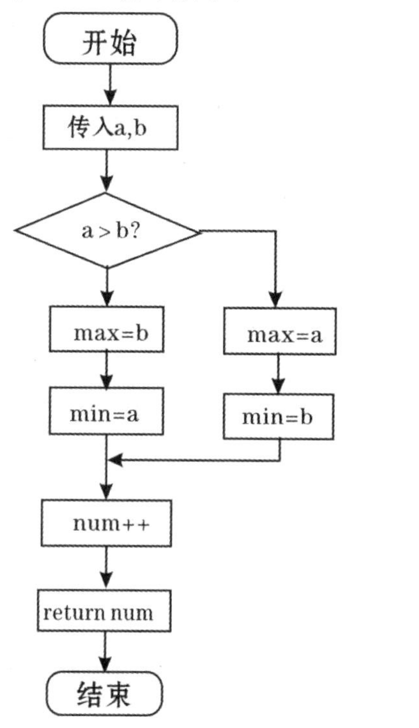

图 6-19 oper()函数流程图

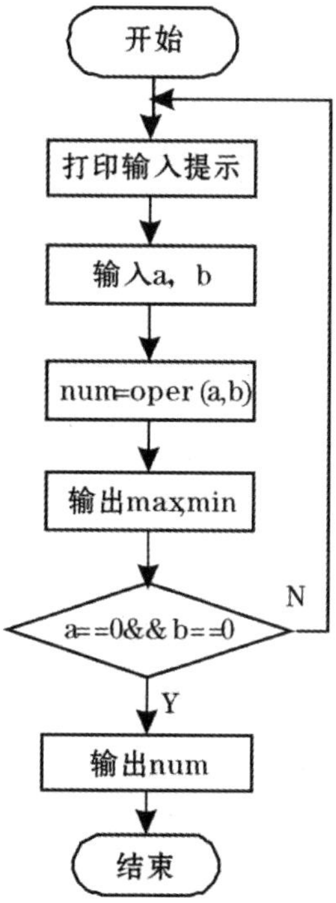

图 6-20 main()函数流程图

2．编写代码

ex6-7.c

```
#include <stdio.h>
int max;//全局变量
int main()
{
    int oper(int a,int b);
    while(1)
    {
        extern min; //全局变量声明
        int num=0,a,b;//局部变量
        printf("请输入 a b 的值:\n");
```

```
            scanf("%d %d",&a,&b);
            num= oper(a,b);
            printf("the max is %d,the min is %d\n",max,min);
            if(a==0&&b==0)//条件判断，当 a、b 均为 0 时，结束循环
            {
                printf("本程序共调用 oper 函数%d 次：\n",num);//打印调用 oper 函数进
行求最大值、最小值的次数
                return 0;
            }
        }
        return 0;
    }
    int min; //全局变量
    int oper(int a,int b)
    {
        static int num;// 局部变量—静态局部变量
        if(a>b)
        {
            max=a;min=b;
        }
        else
        {
            max=b;min=a;
        }
        num++;
        return num;
    }
```

6.4.5 拓展训练

【训练 1】

读懂下列代码，自己写出运行结果，然后运行程序，查看自己所写数据是否正确。

ex6-8.c

```
    #include<stdio.h>
    int fun(int a)          //a 为形参，局部变量
    {
        int b=0;   //局部变量
        static int c=3;   //c 是静态局部变量，初始化仅进行一次
```

```
    b+=1; c=c+1;
    return a+b+c;
}
int main()
{
    int a=2,i;         //a 和 i 都是局部变量
    for(i=0;i<3;i++)
        printf("%d\n",fun(a));
    return 0;
}
```

【训练 2：简答】

1. 什么是局部变量。
2. 什么是全局变量。

6.5 实战经验

（1）函数在使时必须先声明。

例如：

```
int main()
{
    int a,b,sum;
    sum=Add(a,b);
    printf("%d\n",sum);
}
int Add(int x,int y)
{
    int s;
    s = x + y;
    return s;
}
```

正确的应该是：

```
int main()
{
    int Add(int x,int y);
    int a,b,sum;
    sum=Add(a,b);
```

```
        printf("%d\n",sum);
    }
    int Add(int x,int y)
    {
        int s;
        s = x + y;
        return s;
    }
```

或者可以直接在主函数之前写函数，此种情况不用声明函数。

（2）函数头部分不能加分号，正确方法是将分号去掉。

例如：

```
    void Swap (int a,int b);
    {
        int temp;
        temp = a;
        a = b;
        b = t;
    }
```

（3）函数实参和形参不符，如下所示：函数 Add 的作用是实现两个整数的相加，而传入实参则是两个浮点数。此外应注意的是当形参为数组时可不指明数组长度，如：void sort(int a[],int n) 调用时格式为：sort(a,n)。

例如：

```
    int Add(int x,int y)
    {
        int s;
        s = x + y;
        return s;
    }
    int main()
    {
        double a,b,sum;
        sum=Add(a,b);
        printf("%.2lf\n",sum);
    }
```

（4）没有设定递归出口易造成死循环调用

例如：

```
    int Fib(int n)
```

```
{
   return Fib(int n);
}
```

正确的应该是::

```
int Fib(int n)
{
      if(n==1||n==2)
      return 1;
      else
         return Fib(n-1)+Fib(n-2);
}
```

(5) 使用库函数时需要添加头文件，如使用 sin, cos, sqrt, fabs, pow 等函数时，需添加#include<math.h>。

(6) 函数内的形式参数是从实际参数传递的，只在函数内部起作用。

(7) 函数除 void 类型不需要返回值外，其他类型都要有 return 语句作为返回值。

(8) 必须有一个且只能有一个 main 函数，无论 main 函数位于程序的什么位置，运行时都是从 main 函数开始执行的。

(9) 函数不能嵌套定义，也就是说一个函数不能从属于另一个函数，但可以相互调用，但是任何函数不能调用 main 函数，main 函数是被操作系统调用的。

习题

1. How do you do!

打印出

```
******************
How do you do!
******************
```

的字样。

2. 比大小：要求从键盘接收两个数字，利用函数比较其值的大小，并输出最小值。

3. n! ：编写一个递归函数，当从键盘接收一个数字后，实现其阶乘的运算。

4. 求最大值：定义一个含有 10 个元素的数组，编写一个函数，使其实现输出数组中最大值的运算。

5. Fibonacci：编写并测试一个函数 Fibonacci()，在该函数中使用循环代替递归完成斐波纳契数列的计算。

6. 矩阵转置：编写一个函数，使给定的二维数组进行行列转换，例如 3×4，转换成 4×3，并输出结果，最后将首元素置尾，其他元素前移一位。

7. 奇怪的比大小：最近，Dr. Kong 新设计一个机器人 Bill。这台机器人很聪明，会做许多事情。唯独对自然数的理解与人类不一样,它是从右往左读数.比如，它看到 123 时，会理解成 321，让它比较 23 与 15 哪一个大。它说 15 大。原因是它的大脑会以为是 32 与 51 在进行比较；再比如让它比较 29 与 30，它说 29 大. 给定 Bill 两个自然数 A 和 B，让它将 [A, B] 区间中的所有数按从小到大排序出来，它会如何排序?

第 7 章 实践指导 2:
某中介房屋出租管理系统

【教学目标】

综合运用前面所学知识完成一个关于房屋出租管理系统的编写，在此系统中，可以实现房屋租金的录入、查找、删除、排序、求平均价格、显示等功能。

【技能目标】

了解掌握利用 C 语言进行管理系统开发的流程，并为自己动手编写应用程序打下思想基础与编程基础，提高学生的编程技能。

【知识目标】

1. C 语言基础语法知识在程序中的应用。
2. 结构化程序设计在程序中的应用。
3. 数组在应用程序中的应用，函数在应用程序中的应用。

【教学重点】

培养学生的编程思维，引导学生将前期所学知识灵活的运用到应用程序编写中。

7.1 需求分析

随着计算机在各行业中的应用，过去由人工处理的许多事务逐渐交付于计算机来完成，对于目前随处可见的房屋中介而言，一个简单易用的房屋出租管理系统是必不可少的，它利用计算机程序实现对房屋租金的统一管理，实现了工作流程的规范化与自动化，并大大提高了员工的工作效率。

此房屋中介出租管理系统主要由房屋租金的录入、查找、删除、排序、求平均价格、信息显示等功能模块组成，具体如图 7-1 所示：

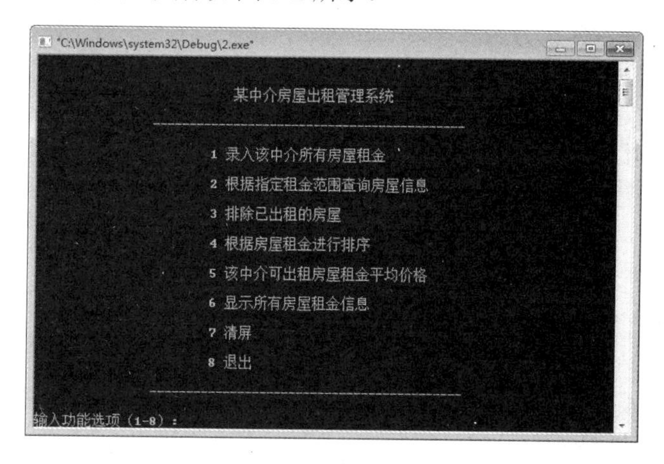

图 7-1 系统菜单界面

7.2 编程设计

本次实践训练的内容为结构化程序设计、数组、函数在管理系统中的应用，主要利用选择结构与循环结构构建系统的整体框架，采用函数将各功能分模块编写，使用数组完成数据的处理。

某中介房屋出租管理系统主要功能模块如图 7-2 所示：

（1）录入房屋租金信息：依次输入所有可出租房屋的租金信息；

（2）查询合适房屋信息：输入要查询的租金下限与上限，显示满足条件的房屋信息；

（3）排除已出租的房屋：输入房屋租金，删除已出租的房屋；

（4）根据房屋租金排序：对房屋按照租金进行排序并显示排序结果；

（5）房屋租金平均价格：求该中介所有出租房屋的平均价格；

（6）显示房屋租金信息：显示所有房屋的租金。

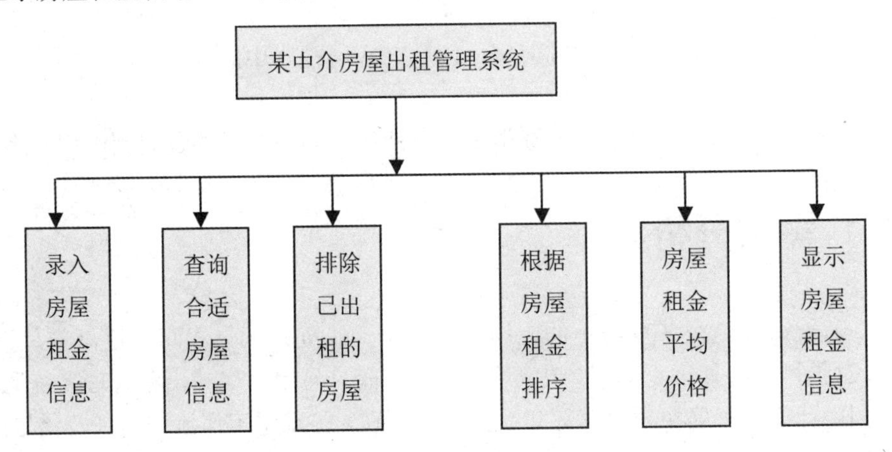

图 7-2 系统功能模块图

7.3 编程实现

7.3.1 程序预处理

程序预处理包括加载头文件，定义常符号量，并对其进行初始化。

```
#include<stdio.h>
#include<conio.h>
#include<stdlib.h>
#define SIZE 20 //符号常量
```

7.3.2 主函数

主函数主要实现对整个程序的运行控制，是整个程序的入口，在其中根据用户需要输入数字并调用函数完成相应功能，功能的选择使用 swicth 语句实现。

```
int main()
{
    int i;
    float rental[SIZE];//定义一 float 类型的数组，数组名为 rental，长度为 SIZE
    int num;
    menu();//调用菜单显示函数
    while(1)//利用 while 循环实现多次功能选项输入，并调用相应函数
    {
        printf("输入功能选项（1-8）:");
        scanf("%d",&i);
        switch(i)
        {
        case 1:num=input(rental);break;
        case 2:find(rental,num);break;
        case 3:num=del(rental,num);break;
        case 4:sort(rental,num);break;
        case 5:avg(rental,num);break;
        case 6:display(rental,num);break;
        case 7:system("cls");menu();break;
        case 8:exit(0);break;
        default:printf("输入有误，请重新输入!\n");
        }
    }
    return 0;
}
```

7.3.3 系统主菜单

本函数用于显示系统主菜单，通过使用 printf 语句输出描述内容，在主函数中调用。

```
void menu()
{
    printf("\n\n\n");
    printf("\t\t\t\t    某中介房屋出租管理系统\n\n");
    printf("\t\t\t-----------------------------------------\n\n");
```

```
    printf("\t\t\t\t1  录入该中介所有房屋租金\n\n");
    printf("\t\t\t\t2  根据指定租金范围查询房屋信息\n\n");
    printf("\t\t\t\t3  排除已出租的房屋\n\n");
    printf("\t\t\t\t4  根据房屋租金进行排序\n\n");
    printf("\t\t\t\t5  该中介可出租房屋租金平均价格  \n\n");
    printf("\t\t\t\t6  显示所有房屋租金信息  \n\n");
    printf("\t\t\t\t7  清屏\n\n");
    printf("\t\t\t\t8  退出  \n\n");
    printf("\t\t\t\t---------------------------------------------\n\n");
}
```

7. 3. 4 录入房屋租金信息

在该函数中，首先定义一变量 i 用来表示房屋个数，然后通过 while 循环输入房屋租金，每输入一个数值则将变量 i 加 1，当输入数值小于或等于 0 时，结束该循环，最后返回 i 的值，即已录入租金的房屋数目。

```
int input(float rental[])
{
    int i=0;//变量 i 存放房屋个数，初始化为 0
    printf("输入出租房屋的租金(1~10000),当输入数值小于等于 0 时结束本次输
入:\n");
    while(i<SIZE)//利用 while 循环实现多个房屋租金的输入
    {
        printf("输入第%d 间房屋租金:",i+1);
        scanf("%f",&rental[i]);
        if(rental[i]<=0)//当输入值小于或等于 0 时，终止输入并给出相应提示，同时
      返回可出租房屋个数
        {
            printf("输入结束！ \n");
            return i;
        }
        else        //当输入值不为 0 时，将可出租房屋数加 1
            i++;
    }
    printf("按任意键继续！ \n");
    getch();//从控制台读取一个字符，但不显示在屏幕上
    return i;
}
```

7.3.5 查询合适房屋信息

本函数中，首先输入要查询的房屋租金的下限值 rentalmin 与上限值 rentalmax，然后通过 for 循环将 rentalmin,rentalmax 与数组中的数值逐个进行比较，查找满足条件的房屋是否存在，如果存在，则显示房屋信息，否则提示不存在满足条件的房屋。

```
void find(float rental[],int n)
{
    float rentalmin,rentalmax;//变量 rentalmin 分别表示设定的租金下限与上限
    int i,k=0;//i 为循环变量，k 值初始化为 0
    printf("输入要查找的房屋租金要求范围:\n");
    printf("下限：");
    scanf("%f",&rentalmin);
    printf("上限：");
    scanf("%f",&rentalmax);
    printf("满足条件的房屋：");
    for(i=0;i<n;i++)
    {
        if(rentalmin<=rental[i]&&rentalmax>=rental[i])//将与房屋租金一一比较
        {
            k++;//查询房屋存在，则 k 值加 1
            printf("%d 号房屋 ",i+1);
        }
    }
    if(!k)//根据 k 的当前值（0 或者非 0）进行判断是否查找成功并输出提示
    {
        printf("数目为 0，很遗憾");
    }
    printf("!\n 按任意键继续！ \n");
    getch();
}
```

7.3.6 排除已出租的房屋

本函数中，首先输入要排除的房屋租金 rentalm，然后通过 for 循环将 rentalm 与数组中的数值逐个匹配，查找该房屋是否存在，如果存在，则删除，并将表示房屋数目的变量 n 减 1，如果不存在，则提示找不到满足条件的房屋信息，最后将新的房屋数目 n 作为函数返回值返回。

```
int del(float rental[],int n)
```

```
{
        float rentalm;
        int i,j=0,k=0,count=0;//k 的值表示排除掉的房屋是否存在，count 表示排除的房间数
        printf("输入需要删除房屋的租金:");
        scanf("%f",&rentalm);
        for(i=0;i<n;i++)
        {
            if(rentalm==rental[i]) //将输入的租金与所有房屋租金一一比较，如满足条件则删除掉该条信息
            {
                k=1;
                printf("删除的为编号为%d 的房屋信息！\n",i+1);
                count++;
            }
            else    //如果条件不满足，则保留，j 的初始值为 0，从数组的第一个元素开始，将需要保留的数值依次赋值给数组元素，每次赋值后 j 加 1
            {
                rental[j]=rental[i];//
                j++;
            }
        }
        n=n-count;//变量 n 保存进行删除后的房屋数
        if(!k)
        {
            printf("找不到满足条件的房屋信息\n");
        }
        printf("按任意键继续！\n");
        getch();
        return n;//返回删除后剩余的房屋数
  }
```

7.3.7 根据房屋租金排序

对数组中的数据进行排序，如果没有记录则输出提示，如果存在记录则按照房屋租金排序后的结果输出，然后调用 display()函数将排序结果显示到屏幕。

该程序中对数据排序采用选择排序，其基本思想是：通过比较，选择出每一轮中的最值元素，然后把它和这一轮中最前面的元素进行交换，这个算法的关键是要记录每次比较

的结果，即每次比较后最值位置（下标）。

```
void sort(float rental[],int n)//选择排序
{
    int i,j,k;
    float temp;//交换数据时的中间变量
    for(i=0;i<n-1;i++)//n 个数，所以只需执行 n-1 次
    {
        k=i;
        for(j=i+1;j<n;j++)
        {
            if(rental[k]<rental[j]) //两个数进行比较，根据结果决定是否为 k 重新赋值
            {
                k=j;//使 rental[k]始终表示已比较的数中的最大数
            }
        }
        if(k!=i)
        {
            temp=rental[i];
            rental[i]=rental[k];
            rental[k]=temp;
        }
    }
    display(rental,n);//调用显示函数，显示排序后的结果
}
```

7.3.8 房屋租金平均价格

对数组中的数据通过循环相加存放在变量 rentalsum 中，然后除以房屋数目得出平均价格并输出。

```
//求平均价格
void avg(float rental[],int n)
{
    int i;
    float rentalavg,rentalsum=0;//rentalsum 需初始化为 0
    for(i=0;i<n;i++)
    {
        rentalsum=rentalsum+rental[i];//通过循环将数组元素依次相加
```

```
        }
        rentalavg=rentalsum/n;
        printf("现阶段房屋平均租金为:%.1f\n",rentalavg);
        printf("按任意键继续！\n");
        getch();
    }
```

7.3.9 显示房屋租金信息

显示房屋租金，首先通过 if 语句判断房屋数目是否为 0，如果为 0，则输出提示“没有可出租房屋”，否则通过 for 循环按照指定格式输出所有房屋租金。

```
void display(float rental[],int n)//rental 为存放房屋租金的数组，n 为该中介可出租房屋数
{
    int i;
    if(n==0)//n 为 0，则说明没有可出租房屋
        printf("没有可出租房屋！\n");
    else  //否则，通过 for 循环逐个输出可出租房屋租金
        for(i=0;i<n;i++)
        {
                printf("%.1f\n",rental[i]);
        }
    printf("按任意键继续！\n");
    getch();
}
```

第 8 章　指针

【教学目标】

熟悉各种指针变量的使用场景，掌握指针变量、数组名作为函数参数的应用，熟练地运用指针实现数组、结构体、链表的输入、输出。

【技能目标】

理解为什么使用指针，指针的便捷性，如何正确使用指针。

【知识目标】

1. 指针的定义与使用。
2. 指针分别与字符串、数组、结构体、函数结合使用。
3. 指针在动态内存分配中的应用。
4. 指针作为参数在函数中传递。
5. 指针的综合应用。

【教学重点】

使用指针访问多种类型数据变量，作为函数参数进行传递，在链表中的应用。

8.1 指针引用字符型、整型、浮点型

8.1.1 案例需求

学习了指针我们知道通过指针也可以访问变量。下面我们用一个简单比喻来描述直接访问和间接访问之间的关系。可以用某人甲（系统）要找某人乙（变量）来类比。一种情况是，甲知道乙在何处，直接去找就是（即直接访问）。另一种情况是，甲不知道乙在哪，但丙（指针变量）知道，此时甲可以这么做：先找丙，从丙处获得乙的去向，然后再找乙（即间接访问）。下面我们就用实际例子来讲解如何使用指针来访问数据变量。

```
直接输出变量值:
a=$
i=110
f=3.141590
直接输出变量值:
a=$
i=110
f=3.141590
Press any key to continue
```

图 8-1　使用变量和指针输出变量值

8.1.2 案例分析

（1）案例功能：使用直接访问和间接访问两种方法来实现变量值的输出。

（2）案例讨论：什么是指针？什么是指针变量？指针和指针变量直接有什么关系？如何定义和引用一个对应类型的数据变量指针和变量在内存中的存储方法？如何用指针实现常用数据类型的输入和输出？

> 提示：
>
> ① 定义指针是用“*”来表示，“&”用于取变量的地址。
>
> ② 定义指针变量时候一般在变量名前加上一个 p，表示是一个指针变量。

8.1.3 相关知识点介绍

1.什么是指针

指针是C语言中广泛使用的一种数据类型，运用指针编程是C语言最主要的风格之一。利用指针变量可以表示各种数据结构；能很方便地使用数组和字符串；并能象汇编语言一样处理内存地址，从而编出精练而高效的程序，极大地丰富了 C 语言的功能。学习指针是学习C语言中最重要的一环，能否正确理解和使用指针是我们是否掌握C语言的一个标志。同时，指针也是 C 语言中最为困难的一部分，在学习中除了要正确理解基本概念，还必须要多编程，上机调试，只要做到这些，指针也是不难掌握的。

在计算机中，所有的数据都是存放在存储器中的。一般把存储器中的一个字节称为一个内存单元，不同的数据类型所占用的内存单元数不等。如整型量占 2 个单元，字符量占 1 个单元等。为了正确地访问这些内存单元，必须为每个内存单元编上号，就好像中药店里的盛药的一个个小药柜的编号，根据一个内存单元的编号即可准确地找到该内存单元，得到在该单元存储的数据。

内存单元的编号也叫做地址。既然根据内存单元的编号或地址就可以找到所需的内存单元，所以通常也把这个地址称为指针。内存单元的指针和内存单元的内容是两个不同的概念。可以用一个简单例子来说明它们之间的关系。我们到银行去存取款时，银行工作人员将根据我们的帐号去找我们的存款单，找到之后在存单上写入存款、取款的金额。在这里，帐号就是存单的指针，存款数是存单的内容。

2. 什么是指针变量

在 C 语言中，允许用一个变量来存放指针，这种变量称为指针变量。因此，一个指针变量的值就是某个内存单元的地址或称为某内存单元的指针。严格地说，一个指针是一个地址，是一个常量。而一个指针变量却可以被赋予不同的指针值，是可变的。但现在常把指针变量简称为指针。为了避免混淆，我们中约定：“指针”是指地址，是常量，“指针变量”是指取值为地址的变量。定义指针的目的是为了通过指针去访问存储不同数据类型的内存单元。

根据图 8-2 中所示的存储结构可以翻译成我们已经学过的知识。定义了三个整形变量 i，j，k，其中变量 i 存储在磁盘上所占空间的首地址为 2000，j 的首地址为 2004，k 的是不是也能够看出来？对，就是 2008。这里还有另外一个变量 i_pointer，就是指针变量，

这里面存储的是一个指针或者叫地址，前面的 2000、2004、2008 就是地址。由于 i_pointer 本身是一个变量，它存储的时候也需要一个内存空间，从图中可以看出其存储空间的首地址是 3020。

根据前面的知识我们想得到变量 i 的值，只需要知道 i 的首地址即可，现在有了指针变量，我们可以通过指针变量间接的获取变量 i 的值。具体方法就是把变量 i 的首地址 2000 放到 3020 的地址空间中，这时我们可以先访问 3020 中所存储的地址，即 2000，再访问 2000 所存储的内容即得到变量 i 的值。用指针的方法访问数据相当于“曲线救国”。

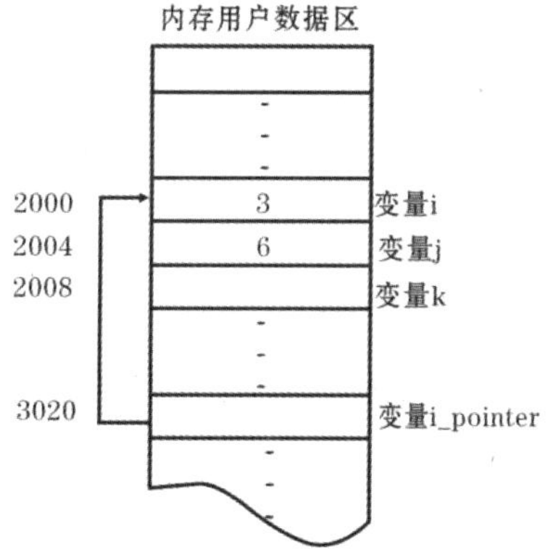

图 8-2 变量和指针变量的存储

3.定义指针变量

指针就是地址，指针变量是一个特殊的变量，它里面存储的数值被解释成为内存里的一个地址。指针变量就是存放地址的变量，就像我们学过的整型、实型等数据类型一样，指针也是一种数据类型，对比以前学过的数据类型，整型变量的值是整数，实型变量的值是实数，那么指针变量的值就是指针，也就是地址。

为了表示将数值 3 送到变量中，可以有两种表达方法：

(1)将 3 直接送到变量 i 所标识的单元中，例如：i=3;

(2)将 3 送到变量 i_pointer 所指向的单元(即变量 i 的存储单元)，例如：*i_pointer=3;

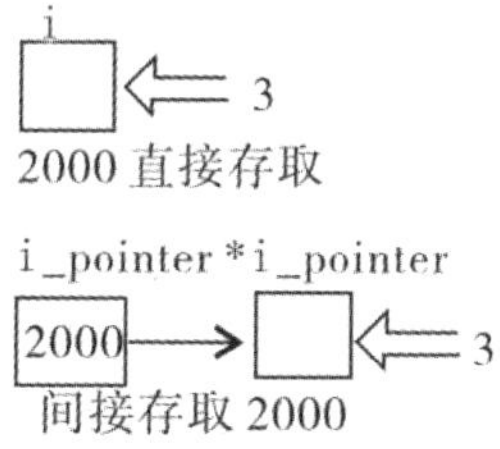

i_pointer 中的值是变量 i 的地址(2000)，这样就在 i_pointer 和变量 i 之间建立起一种联系，即通过 i_pointer 能知道 i 的地址，从而找到变量 i 的内存单元。对于其他数据类型的指针定义方法都类似。

8.1.4 程序实现

1.编程思路

要实现用两种方法输出变量的值，首先要定义字符型、整形和浮点型的变量并定义一个对应变量类型的指针变量，按照以前学过的直接访问的方法把变量值输出。把数据变量的地址分别给对应的指针，访问指针变量中所存储的地址并输出变量值。

2.编写代码

ex8-1.c

```
#include<stdio.h>
int   main()
{
      char a='$',*pa;
      int i=110,*pi;
      float f=3.14159,*pf;
      printf("直接输出变量值：\n");
      printf("a=%c\n",a);
      printf("i=%d\n",i);
      printf("f=%f\n",f);
      printf("直接输出变量值：\n");
      pa=&a;
      pi=&i;
      pf=&f;
      printf("a=%c\n",*pa);
      printf("i=%d\n",*pi);
      printf("f=%f\n",*pf);
      return 0;
}
```

8.1.5 拓展训练

【训练 1】

输入 a 和 b 两个整数，按照先大后小的顺序输出 a 和 b 的值，用直接访问变量的方法实现。

【参考答案 1】

ex8-2.c

```
#include<stdio.h>
int main()
{
    int a,b;
    printf("请输入两个整数，用空格分开:\n");
    scanf("%d %d",&a,&b);
    printf("按照从大到小循序输出:\n");
    if(a>b)
        printf("%d %d\n",a,b);
    else
        printf("%d %d\n",b,a);
    return 0;
}
```

【参考答案 2】

ex8-3.c

```
#include<stdio.h>
int main()
{
    int a,b,c;
    printf("请输入两个整数，用空格分开:\n");
    scanf("%d %d",&a,&b);
    printf("按照从大到小循序输出:\n");
    if(a<b)
    {
        c=a;
        a=b;
        b=c;
    }
    printf("%d %d\n",a,b);
    return 0;
}
```

【运行效果（图 8–3）】

```
请输入两个整数，用空格分开:
11 33
按照从大到小循序输出:
33 11
Press any key to continue
```

图 8-3　直接访问变量输出

【训练 2】

输入 a 和 b 两个整数，按照先大后小的顺序输出 a 和 b 的值，用指针访问变量的方法实现。

【参考答案 1】

ex8-4.c

```
#include<stdio.h>
int main()
{
	int a,b;
	int *pa,*pb;
	printf("请输入两个整数，用空格分开:\n");
	scanf("%d %d",&a,&b);
	printf("按照从大到小循序输出:\n");
	pa=&a;
	pb=&b;
	if(a>b)
		printf("%d %d\n",*pa,*pb);
	else
		printf("%d %d\n",*pb,*pa);
	return 0;
}
```

【参考答案 2】

ex8-5.c

```
#include<stdio.h>
void swap(int *a,int *b);
int main()
{
	int *p1,*p2;
	int a,b;
```

```
        printf("请输入两个整数，用空格分开:\n");
        scanf("%d %d",&a,&b);
        printf("按照从大到小循序输出:\n");
        p1=&a;
        p2=&b;
        if(a<b)
            swap(p1,p2);
        printf("%d %d\n",a,b);
        printf("%d %d\n",*p1,*p2);
        return 0;
}
void swap(int *a,int *b)
{
        int c;
        c=*a;
        *a=*b;
        *b=c;
}
```

【运行效果（图 8-4）】

```
请输入两个整数，用空格分开:
34 78
按照从大到小循序用指针输出:
78 34
Press any key to continue
```

图 8-4　用指针访问变量输出结果

8.2　指针指向数组

8.2.1 案例需求

在第 5 章中详细讲解了一维数组和二维数组的用法，参考 5.1.1 中的案例，用指针的方法输入输出 10 名学生 C 语言程序设计课程的成绩。运行效果如图 8-5 所示。

```
请输入10个学生的成绩:
34.8 45 72 48.8 94 89 43.4 56 87 33
已输入的10个学生的成绩如下:
34.80
45.00
72.00
48.80
94.00
89.00
43.40
56.00
87.00
33.00
Press any key to continue
```

图 8-5　用指针输入输出学生成绩运行界面

8.2.2 案例分析

（1）案例功能：用指针输入输出 10 名学生 C 语言程序设计课程的成绩。

（2）案例讨论：本例在第 5 章案例的基础上进行扩展，主要练习如何通过指针来访问数组内元素。大家回顾一下数组中的元素是如何存储的，是存储在一个连续空间还是非连续空间？如何定义一个指针变量指向一个数组的首地址？这个指针变量加一操作指向了什么位置？

8.2.3 相关知识点介绍

1.指针和数组

根据数组定义，数组名本身可以作为数组的首地址，指针本身存储的就是地址。在这里随便定义一个数组 int arr[5]，arr 现在就是数组名，arr 代表的是该数组整块内存，即 sizeof(arr) == 20,(假设 sizeof(int) == 4), arr 里的内容是该块内存的首地址,即 arr== &arr[0] 。arr 可以看做是一个常量，也就不可以使用 arr++ 之类的运算。

对于定义 int *p; p = arr;

p 是一个指向 int 类型的指针，p = arr 就是把数组的首地址（arr 的内容就是数组的首地址）赋给 p,即 p 现在就是指向数组的首地址，通过 p 就可以访问整个数组。但 p 这里只是指针变量，p 的本质没有改变，p 不能和 arr 一样代表整个数组的内存，所以 sizeof(p) == sizeof(int*) ！ = sizeof(arr)。把数组的首地址赋给 p，但 p 的本质一个 int 类型的指针变量，所以也就可以对 p 进行 ++ 之类的运算。我们可以通过对 p，arr 的偏移（int 类型的指针+1 或-1，是向上或向下偏移 sizeof(int)个 byte）来访问数组里的元素，*(p + i)，*（arr + i），也可以通过传统的 arr[i]访问数组。

2.指向数组的指针变量

指针与数组是 C 语言中很重要的两个概念,它们之间有着密切的关系,利用这种关系,可以增强处理数组的灵活性，加快运行速度，本文着重讨论指针与数组之间的联系及在编程中的应用。

若有如下定义：

```
int a[10], *p;
p=a;
```

则 p=&a[0]是将数组第 1 个元素的地址赋给了指针变量 p。实际上，C 语言中数组名就是数组的首地址，所以第一个元素的地址可以用两种方法获得：p=&a[0]或 p=a。

这两种方法在形式上相像，其区别在于：p 是指针变量，a 是数组名。值得注意的是：p 是一个可以变化的指针变量，而 a 是一个常数。因为数组一经被说明，数组的地址也就是固定的，因此 a 是不能变化的，不允许使用 a＋＋、＋＋a 或语句 a＋=10，而 p＋＋、＋＋p、p＋=10 则是正确的。由此可见，此时指针与数组融为一体。

3.指针与一维数组

理解指针与一维数组的关系，首先要了解在编译系统中，一维数组的存储组织形式和对数组元素的访问方法。一维数组是一个线形表，它被存放在一片连续的内存单元中。C 语言对数组的访问是通过数组名（数组的起始地址）加上相对于起始地址的相对量（由下标变量给出），得到要访问的数组元素的单元地址，然后再对计算出的单元地址的内容进行访问。

实际上编译系统将数组元素的形式 a[i]转换成*(a＋i)，然后才进行运算。由此可见，C 语言对数组的处理，实际上是转换成指针地址的运算，数组与指针暗中结合在一起。因此，任何能由下标完成的操作，都可以用指针来实现，一个不带下标的数组名就是一个指向该数组的指针。

提示：① 重点掌握数组和指针之间的关系，异同之处。

8.2.4 程序实现

1.编程思路

要用指针实现 10 个学生成绩的输入与输出，首先要定义一个长度为 10 的数组和相同数据类型的指针，设定输入成绩均为双精度浮点型，则定义一数组为 double score[10]，采用 for 循环来用指针变量接收输入数据，再使用指针变量用 for 循环依次输出数组元素的值。在下面给出了两种代码实现了同样的功能，请比较其异同之处，代码 2 中如果把第二句的“ps=score”;去掉是否可行？

2.编写代码

ex8-6.c

```
#include <stdio.h>
int main()
{
    double score[10],*ps;
    int i;
    printf("请输入 10 个学生的成绩：\n");
    ps=score;
```

```
    for (i=0; i<10;i++)
        scanf("%lf",ps+i);
    printf("已输入的 10 个学生的成绩如下：\n");
    for (i=0; i<10;i++)
        printf("%4.2lf\n",*(ps+i));
    return 0;
}
```

或者

```
#include <stdio.h>
int main()
{
    double score[10],*ps;
    int i;
    printf("请输入 10 个学生的成绩：\n");
    ps=score;
    for (i=0; i<10;i++)
        scanf("%lf",ps++);
    printf("已输入的 10 个学生的成绩如下：\n");
    ps=score;
    for (i=0; i<10;i++)
        printf("%4.2lf\n",*(ps++));
    return 0;
}
```

8.2.5 拓展训练

【训练 1】

为和 2014 级学生平均身高数据进行对比，需要统计 2015 级新生的身高数据。为简单起见，只统计 5 个新生的数据，统计出平均身高，程序要求用指针来实现。

【参考答案】

ex8-7.c

```
#include<stdio.h>
int main()
{
        int high[5],*ph;
        int sum=0,i;
        float avr=0.0;
```

```
        printf("请输入 5 个新生的身高(cm)：\n");
        ph=high;
        for(i=0; i<5;i++)
            scanf("%d",ph++);
        ph=high;
        for(i=0; i<5;i++)
            sum=sum+(*(ph+i));
        avr=((float)sum)/5;
        printf("已输入的 5 个学生的平均身高为\n");
        printf("%.2f cm：\n",avr);
        return 0;
}
```

【运行效果（图 8-6）】

```
请输入5个新生的身高(cm):
165 178 186 162 192
已输入的5个学生的平均身高为
176.60 cm:
Press any key to continue
```

图 8-6　用指针输入新生身高并得出平均身高

【训练 2】

在训练一的基础上，用指针的方法把新生的平均身高由低到高依次输出。

【参考答案】

ex8-8.c

```
#include<stdio.h>
void sort(int x[],int n);
int main()
{
        int high[5],*ph;
        int sum=0,i;
        float avr=0.0;
        printf("请输入 5 个新生的身高(cm)：\n");
        ph=high;
        for(i=0; i<5;i++)
            scanf("%d",ph++);
        ph=high;
```

```
        for(i=0; i<5;i++)
            sum=sum+(*(ph+i));
        avr=((float)sum)/5;
        printf("已输入的 5 个学生的平均身高为\n");
        printf("%.2f cm：\n",avr);
        ph=high;
        sort(ph,5);
        printf("5 个学生身高由低到高依次为\n");
        for(i=0; i<5;i++)
            printf("%d ",*(ph+i));
        return 0;
}
void sort(int x[],int n)            //选择法排序
{
    int i,j,k,t;
    for(i=0;i<n-1;i++)
    {
        k=i;
        for(j=i+1;j<n;j++)
        {
            if(x[j]<x[k])
                k=j;
            if(k!=i)
            {
                t=x[i];
                x[i]=x[k];
                x[k]=t;
            }
        }
      }
   }
```

【运行效果（图8-7）】

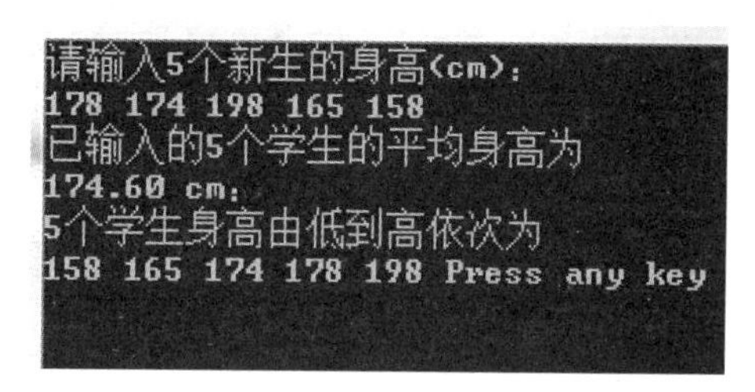

图8-7 用指针由低到高依次输出新生身高

【训练3】

汽车要依靠汽油才能行驶，汽油是汽车行驶所依赖的资源；同样，计算机也需要存储资源才能正确运行。然而，计算机的存储资源同石油一样，都是有限资源。因此，在计算机编程时候，要保证内存资源的有效利用，就涉及到了内存分配的问题。请设计一个简单程序，实现如下功能：

定义一个大小已知的数组作为公共资源，仅当需要资源时在此公共资源中申请合适的大小，并指出所申请资源的首地址。

【代码编写】

ex8-9.c

```
#include <stdio.h>
#include<string.h>
#define SIZE 100
char buf[SIZE];
char *p=buf;
char *alloc(int n)
{
    char *begin;
    if(p+n<=buf+SIZE)
    {
        begin=p;
        p=p+n;
        return begin;
    }
    else
        return NULL;
}
int main()
{
        char *p1,*p2;
```

```
        int i;
        p1=alloc(10);
        strcpy(p1,"123456");
        p2=alloc(5);
        strcpy(p2,"abcd");
        printf("buf=%p\n",buf);
        printf("p1=%p\n",p1);
        printf("p2=%p\n",p2);
        puts(p1);
        puts(p2);
        for(i=0;i<15;i++)
            printf("%c",buf[i]);
        putchar('\n');
        return 0;
}
```

【运行效果（图 8-8）】

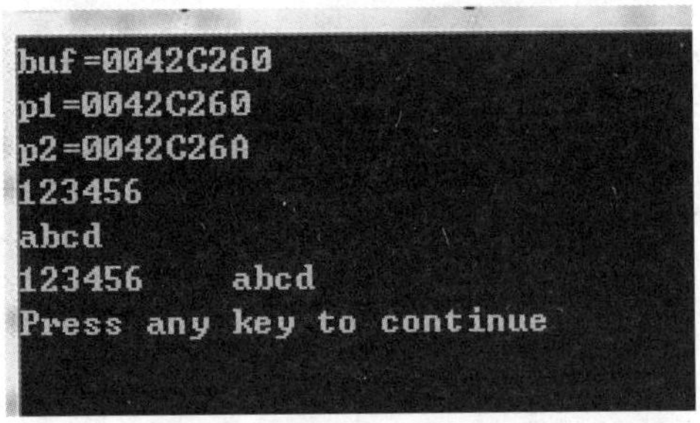

```
buf=0042C260
p1=0042C260
p2=0042C26A
123456
abcd
123456    abcd
Press any key to continue
```

图 8-8　模拟动态内存分配结果

8.3　指针作为参数

8.3.1 案例需求

将数组 a 中 n 个整数按相反顺序存放，用函数实现逆序，先用数组名作为函数参数实现，然后用指针作为函数参数实现再次逆序。运行效果如图 8-9 所示。

```
输入数组长度:
7
输入数组元素值:
12 65 52 41 48 78 45

用数组名作为函数参数实现数组元素逆序:
45 78 48 41 52 65 12
用指针变量作为函数参数再次实现数组元素逆序:
12 65 52 41 48 78 45
Press any key to continue
```

图 8-9　逆序输出数组数据运行界面

8.3.2 案例分析

（1）案例功能：将数组中的数据按照逆序方式存放。

（2）案例讨论：在学习函数章节中已经讲过函数的使用，形参和实参之间的区别，函数之间参数的传递。回顾以上知识，讨论如何把数组名作为一个函数参数进行运算，使用数组名作为参数和使用指针作为参数有什么区别？

8.3.3 相关知识点介绍

用数组名作函数参数时，因为实参数组名代表该数组首元素的地址，形参是一个数组名，但 C 编译都是将形参数组名作为指针变量来处理的。需要注意的是实参数组名是指针常量，但形参数组名是按指针变量处理，在函数调用进行虚实结合后，它的值就是实参数组首元素的地址。数组名作函数的参数，需遵循以下原则：

(1)如果形参是数组形式，则实参必须是实际的数组名，如果实参是数组名，则形参可以是同样维数的数组名或指针。

(2)要在主调函数和被调函数中分别定义数组。

(3)实参数组和形参数组必须类型相同，形参数组可以不指明长度。

(4)在 C 语言中，数组名除作为变量的标识符之外，数组名还代表了该数组在内存中的起始地址，因此，当数组名作函数参数时，实参与形参之间不是"值传递"，而是"地址传递"，实参数组名将该数组的起始地址传递给形参数组，两个数组共享一段内存单元，编译系统不再为形参数组分配存储单元。

既然函数指针变量是一个变量，当然也可以作为某个函数的参数来使用的。还应知道函数指针是如何作为某个函数的参数来传递使用的。用指针作为函数参数，实参和形参均是指针变量，先使实参指针变量指向数组，然后将实参的值传给形参指针变量。

8.3.4 程序实现

1.编程思路

将 a[0]与 a[n-1]对换，a[1]与 a[n-2]……将 a[(n-1)/2]与 a[n-(n-1)/2-1]对换，自定义函数

实现数组元素逆序输出。将数组或者指针作为函数参数分别进行实现。

2.编写代码

ex8-10.c

```
#include <stdio.h>
#define LEN 20//符号常量，给数组定义一个最大长度
int main()
{
	void inv1(int x[],int n);
	void inv2(int *p,int n);
	int i,n,a[LEN],*invp;
	printf("输入数组长度:\n");
	scanf("%d",&n);
	printf("输入数组元素值:\n");
	for(i=0;i<n;i++)
		scanf("%d",&a[i]);
	printf("\n");

	inv1(a,n);
	printf("用数组名作为函数参数实现数组元素逆序:\n");
	for(i=0;i<n;i++)
		printf("%d ",a[i]);
	printf("\n");

	invp=a;
	inv2(invp,n);
	printf("用指针变量作为函数参数再次实现数组元素逆序:\n");
	for(i=0;i<n;i++,invp++)
		printf("%d ",*invp);
	printf("\n");
	return 0;
}
void inv1(int x[],int n)
{
	int temp,i,j;
	i=0;
	j=n-1;
	for(;i<j; i++,j--)
	{
```

```
            temp=x[i];
            x[i]=x[j];
            x[j]=temp;
        }
}
void inv2(int *p,int n)
{
        int temp,*i,*j;
        i=p;
        j=p+n-1;
        for( ; i<j; i++,j--)
        {
            temp=*i;
            *i=*j;
            *j=temp;
        }
}
```

8.3.5 拓展训练

【训练 1】

用指针作为函数形参，把 2 个整数按由大到小顺序输出。

【参考答案】

ex8-11.c

```
#include<stdio.h>
int main()
{
        void swap(int *p1,int *p2);
        int a,b;
        int *pointer_1,*pointer_2;
        scanf("%d %d",&a,&b);
        pointer_1=&a;
        pointer_2=&b;
        if (a<b)
            swap(pointer_1,pointer_2);
        printf("max=%d,min=%d\n",a,b);
        return 0;
```

```
}
void swap(int *p1,int *p2)      //功能正确函数写法
{
    int tmp;
    tmp=*p1;
    *p1=*p2;
    *p2=tmp;
}
void swap(int *p1,int *p2)      //这个函数是不行的，为什么？
{
    int *p;
    p=p1;
    p1=p2;
    p2=p;
}
```

【运行效果（图 8-10）】

```
33 67
max=67,min=33
Press any key to continue
```

图 8-10　指针作参数输出较大整数结果

【训练 2】

使用子函数输入一个字符串，另一个子函数中有两个形参，一个是字符指针*ps，一个是整数 n，实现功能为把字符指针 ps 中的前 n 个字符给输出。在主函数中调用这两个子函数，实现所需功能。

【参考答案】

ex8-12.c

```
#include<stdio.h>
void Input(char *p)
{
    printf("请输入字符串\n");
    scanf("%s",p);
}
void Output(char *p,int n)
{
    int i;
```

```
        printf("输出%d 个字符为:\n",n);
        for(i=0;i<n;i++)
        {
            printf("%c",*(p++));
        }
        putchar(10);
}
int main()
{
        char a[60];
        Input(a);
        Output(a,1);
        Output(a,2);
        Output(a,6);
        Input(a);
        Output(a,6);
        return 0;
}
```

【运行效果（图 8-11）】

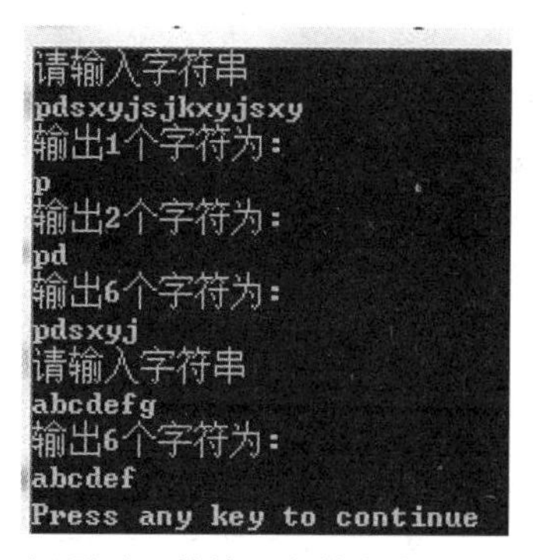
请输入字符串
pdsxyjsjkxyjsxy
输出1个字符为:
p
输出2个字符为:
pd
输出6个字符为:
pdsxyj
请输入字符串
abcdefg
输出6个字符为:
abcdef
Press any key to continue

图 8-11　调用子函数输出字符串中前任意个字符

8.4　指针指向链表

8.4.1 案例需求

使用动态分配内存存储学生的成绩。运行效果如图 8-12 所示。

```
1001 88
1002 66.5
1003 96
1004 98
0 0
1001 88.00
1002 66.50
1003 96.00
1004 98.00
Press any key to continue
```

图 8-12　按学号录入学生成绩程序结果

8.4.2 案例分析

（1）案例功能：包含学号和成绩两个数据项，输入后保存并打印学号和成绩。

（2）案例讨论：用静态分配的方式如何实现案例需求，什么是链表，如何建立静态链表和动态链表，怎样访问链表中的内容。

8.4.3 相关知识点介绍

动态链表是指在程序执行过程中从无到有地建立起一个链表，即一个一个地开辟结点和输入各结点数据，并建立起前后相链的关系。要编写一函数建立一个包含学生学号和成绩的单向动态链表，可以先定义 3 个指针变量：head，p1 和 p2，它们都是用来指向 struct Student 类型数据，用 malloc 函数开辟第一个结点，并使 p1、p2 和 head 指向它，读入一个学生的数据给 p1 所指的第一个结点；再开辟另一个新结点并使 p1 指向它，接着输入该结点的数据，使第一个结点的 next 成员指向第二个结点，即连接第一个结点与第二个结点，使 p2 指向刚才建立的结点。依次循环，当输入学号和成绩都为 0 时表示输入结束。

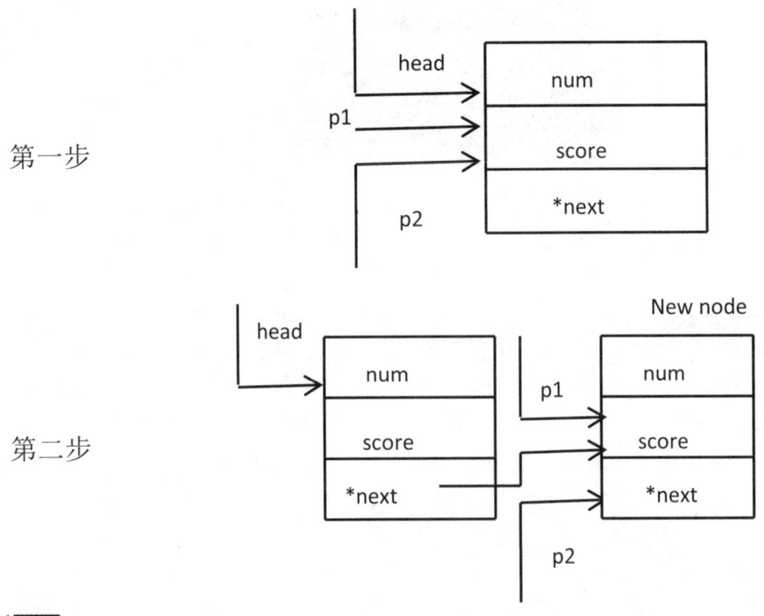

8.4.4 程序实现

1.编程思路

解决这个问题可以有两种思路，一种是使用静态链表，另一种是用动态链表来实现。静态链表中所有节点都是在程序中定义好的，不是临时开辟的，用完后不能释放；动态链表是在程序执行过程中从无到有逐个节点建立起来的，先开辟几点输入数据，再建立与各个节点之间的前后关系。静态链表创建方法与数组类似，请大家思考如何实现，在此提供动态链表创建方法的代码供以参考。

2.编写代码

ex8-13.c

```
#include <stdio.h>
#include <stdlib.h>
#define LEN sizeof(struct Student)
struct Student
{
    int num;
    float score;
    struct Student *next;
};
struct Student *Creat(void)              //注释 1 动态创建链表函数返回首指针
{
    struct Student *head,*p1,*p2;
    int n=0;
    p1=p2=(struct Student*)malloc(LEN);       //注释 2 动态内存分配
    scanf("%d %f",&p1->num,&p1->score);
    head=NULL;
    while(p1->num!=0)                        //注释 3 输入有效判断
    {
      n=n+1;
      if(n==1)
           head=p1;
      else
           p2->next=p1;
      p2=p1;
      p1=(struct Student*)malloc(LEN);
      scanf("%d %f",&p1->num,&p1->score);
    }
   p2->next=NULL;                            //注释 4 链表结束
```

```
        return head;
    }
    void print(struct Student *head)
    {
        struct Student *p;
        p=head;
        if(head!=NULL)
        do
        {
            printf("%d %.2f\n",p->num,p->score);
            p=p->next;
        }while(p!=NULL);
     }
    int main()
    {
        struct Student *pt;
        pt=Creat();
        print(pt);
        return 0;
    }
```

8.4.5 案例拓展

（1）案例功能：在 8.4.1 案例需求的基础上实现对学号和成绩的添加、删除和销毁操作。

（2）案例讨论：分析链表的执行效率，加深对链表的理解，熟悉链表的各种操作方法。

（3）编写代码。

ex8-14.c

```
#include <stdio.h>
#include <stdlib.h>
#define LEN sizeof(struct Student)
struct Student
{
    int num;
        float score;
        struct Student *next;
};
```

```
void Insert(struct Student *head, struct Student *pnew,int i)
{
    struct Student *p;
    int j;
    p=head;
    for (j=0; j<i&&p!=NULL; j++)         //p 指向要插入的第 i 个节点
        p=p->next;
    if (p==NULL)
    {                                    //节点 i 不存在
        printf("与插入的节点不存在！ ");
        return;
    }
    pnew->next=p->next;                  //插入节点指针指向第 i 个节点的后继节点
    p->next=pnew;                        //将第 i 个节点的指针指向插入的新节点
}
void Delete(struct Student *head,int i)
{
    struct Student  *p,*q;
    int j;
    if (i==0)                            //删除的是头指针，返回
        return;
    p=head;
    for (j=1; j<i&&p->next!=NULL; j++)
        p=p->next;                       //将 p 指向要删除的第 i 个节点的前驱节点
    if (p->next==NULL)
    {
        printf("不存在！ ");
        return;
    }
        q=p->next;                       //q 指向待删除的节点
        p->next=q->next;                 //删除节点 i，或为 p->next=p->next->next
        free(q);                             //释放节点 i 的内存单元
}
void pfree(NODE *head)
{
    struct Student  *p,*q;
    p=head;
    while (p->next!=NULL)                //每次删除头节点的后继节点
```

```
    {
        q=p->next;
        p->next=q->next;
        free(q);
    }
    free(head);                                //最后删除头节点
    }
int main()
{
    struct Student    *head,*pnew;
    head=Create();                             //在 ex8-13.c 中定义
    if (head==NULL)
        return 0;
    printf("输出创建的链表：");
    print(head);                               //在 ex8-13.c 中定义
    pnew=(NODE *)malloc(sizeof(NODE));
    if (pnew==NULL)
    {
        printf("创建失败！");
        return 0;
    }
    pnew->num=16001;
    pnew->score=88.5;
    insert(head,pnew, 1);                      //将新节点插入节点 1 的后面
    printf("插入后的链表：");
    print(head);
    pdelete(head,1);                           //删除节点 1
    printf("删除后的链表：");
    display(head);
    Pfree(head);
    return 0;
}
```

8.5　实战经验

（1）试图引用未初始化指针。

例如：

```
int *p;
*p = 12;
```

因为指针 p 在声明时未进行初始化，指向的是一个随机的地址。它可能指向系统栈、全局变量、程序代码区等。那么在执行*p = 12 时，程序不加辨别的试图在指针 p 指向的位置写入 12，这时很有可能出问题，程序很有可能崩溃。

正确的应该是：

```
int *p,a=3;
p = &a;                              //进行初始化，存放变量 a 的地址
*p = 1;
```

（2）试图将一个整数赋给指针变量。

例如：

```
*p = 123;
```

因为系统根本无法辨别它是地址，表面上看 123 就是一个整数，而整数有它对应的数据类型，要赋给整型的变量而不能直接赋给指针变量，这样是非法的。

正确的应该是：

```
int *p,a=3;
p = &a;
```

（3）误把一个变量名加上*号后整体代表指针变量。

例如：

```
int a = 1;
int *p;                              //误以为*p 这个整体代表指针变量
*p = &a;
```

在声明变量 p 时，前面加*，意思是 p 一个指针变量，这个指针变量的名字为 p，并不是*p 合起来的整体代表指针变量。*是指针运算符，*p 代表指针变量所指向的对象。

正确的应该是：

```
int a = 1;
int *p;
p = &a;
```

（4）将一个变量的地址赋给了一个与该变量所属类型不同的指针。

例如：

```
double a = 10;
int *p;
p = &a;
```

指针变量所指向的类型与变量的类型不相同。

正确的应该是：

```
double a = 10;
double *p;
p = &a;
```

（5）指针访问数组可能出现越界。

例如：

```
int a[]={1,2,3,4,5};
int *point;
point = a;
printf("%d\n",*(point+10));
```

数组的大小为 5，加上 10 越界

正确的应该是：

```
int a[]={1,2,3,4,5};
int *point;
point = a;
for(int i = 0; i < 5; i++)
{
        printf("%d ",*(point+i));
}
```

习题

1. 定义一个整型变量和一个整型指针变量，用整形指针变量输出整形变量的值。

2. 定义一整型指针变量，输出指针变量所占用的字节数。

3. 输入 a，b，c 三个整数，使用指针变量使这三个数从大到小排序并输出排序后的结果。

4. 定义一个长度为 10 的整形数组并赋初始值,分别用指针和数组名的方式输出数组中的元素。

5. 定义一个整型的二维数组并赋初始值，用指针访问二维数组中的元素，求出并打印二维数字中元素的最大值和最小值。

6. 编写一程序，使用指针引用字符串”I love CLanguage”，求出该字符串的长度。

7. 编写一程序，将两个字符串 s1=”Good”,s2=”Day ”使用指针将两个字符串连接起来组成一个新字符串 s3 并打印输出，s2 接在 s1 的后面。

8. 编写一程序，输入两个字符串，自行编写一个字符串比较函数，并使用字符指针变量来比较两个字符串 s1,s2 的大小。规定如果字符串 1 大于字符串 2，返回值为 1；字符串 1 小于字符串 2，返回值为-1；字符串 1 等于字符串 2，返回值为 0。

9. 定义一个指向整型变量的指针数组，并用若干整数对其进行初始化，即使数组中的指针变量指向各个数字，然后用冒泡排序法来使这些数字从大到小排序，要求通过改变指针的指向来实现排序。

第9章　结构体应用

【教学目标】

设计一个结构体，通过统计候选人选票来掌握结构体定义、初始化，引用结构体内部元素；设计一个共用体，分析其变量元素赋值对其他元素的影响，掌握结构体和共用体的实际应用方法。

【技能目标】

能够声明结构体和共用体，初始化结构体和共用体变量，使用宏定义常量。

【知识目标】

1. 结构体和共用体的声明、变量定义和初始化。
2. 结构体和共用体变量内部元素的引用。
3. 库函数头文件的引用及库函数的使用方法。
4. 结构体数组变量的定义，初始化及元素引用。
5. 结构体和共用体占用内存空间的异同。

【教学重点】

结构体和共用体的综合运用。

9.1 结构体(struct)

9.1.1 案例需求

选举学生会主席，共有三名候选人，输入有效选票，统计每个候选人得票数，效果如图 9-1 所示。

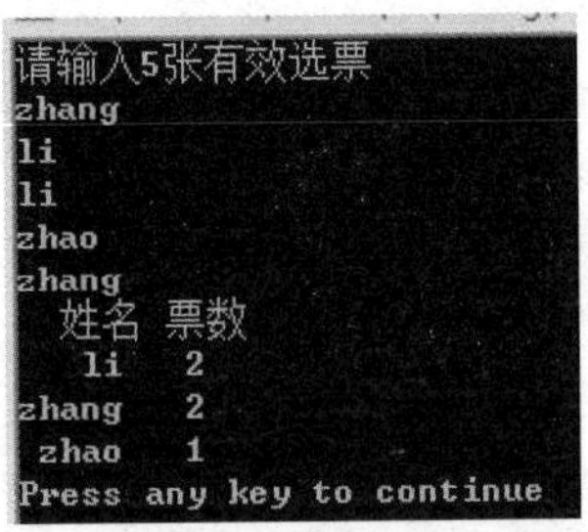

图 9–1　候选人得票数统计结果

9.1.2 案例分析

（1）案例功能：输入候选人信息，输出各个候选人最终得票数。

（2）案例讨论：如何把候选人和候选人的票数作为一个整体，如何判断输入信息就是对应候选人的信息；使用学过的知识点能否实现、如何实现。

提示：

①结构体就是多个数据类型的一种全新组合，可作为一种新的数据类型。

②定义结构体时注意大括号的最后要加上分号。

9.1.3 相关知识点介绍

1.头文件调用

C 语言里面关于字符数组的函数定义的头文件，常用函数有 strlen、strcmp、strcpy 等等，在此用到 strcmp 库函数。

2.宏定义常量

define 是宏定义，程序在预处理阶段将用 define 定义的内容进行替换。在这里定义 VOTES 为总的选票数，CONDIDATES 为候选人数目，当需要修改这两个值大小时只需要改宏定义这一处即可，程序中使用到这两个参数的地方自动更新。

另外在使用 define 定义表达式时要注意“边缘效应”。

例如如下定义：

```
#define N 2+3        //我们预想的 N 值是 5
double a = N/2;           //我们预想的 a 的值是 2.5，可实际上 a 的值是 3.5
```

原因在于在预处理阶段，编译器将 a = N/2 处理成了 a = 2+3/2；这就是宏定义的字符串替换的边缘效应因此要如下定义：

```
#define N (2+3)
```

3.声明结构体

当用户用到一种 C 语言本身没有提供的复杂的数据结构时就需要自己声明一个结构体。声明一个结构体类型的一般形式为：

```
struct 结构体名              或          struct 结构体名
{                                        {
      成员表列;                                成员表列;
};                                       };
```

注意在声明时一定不要忽略最后的分号。struct 是声明结构体类型时所必须使用的关键字，不能省略，它向编译系统声明这是一个“结构体类型”，里面包含不同类型的数据项。应当说明 struct student 是一个类型名，它和系统提供的标准类型(如 int、char、float、double 等)一样具有同样的地位和作用，都可以用来定义变量的类型，只不过结构体类型需要由用户自己指定而已。

4.定义结构体数组并初始化

结构体变量定义初始化可以在结构体声明时直接进行，也可以像定义整型变量那样先定义接着初始化，或者单独对结构体中每个元素进行初始化。

例如：

```
struct  date
{
int  year;
int month;
int day;
}Time={2014,7,6};
```

或

```
struct date Time={2014,7,6};
```

或

```
struct date Time;
Time.year=2014;
Time.month=7;
Time.day=6;
```

具体使用哪种方式可自主选择。

5.库函数调用

string.h 是 C 语言中 C 标准库的头文件，其中包含了宏定义、常量以及函数和类型的声明，涉及字符串处理。常用的 strcat()、strcmp()、strcpy()等函数都需要包含此头文件。在这里使用 strcmp()函数来比较输入的字符串和结构体中姓名这一元素中的哪项一致，若相等则 strcmp()函数返回值为 0，不等为非 0。

9.1.4 程序实现

1.编程思路

用宏定义好有效的票数和候选人数量，再定义一个结构体数组 leader，数组大小与候选人数量一致。每一结构体数组元素包含两个成员 name(姓名)和 count(票数)。在定义数组时直接初始化，使 3 位候选人的票数都先置零，每输入一个名字就查找是哪个候选人的名字，并对其得票数加 1。唱票完毕后，把所有候选人的名字和票数都打印输出。

2.编写代码

ex9-1.c

```
#include <stdio.h>
#include <string.h>
#define  VOTES    5
#define  CANDIDATES 3
struct person
{
    char name[20];
    int count;
}leader[CANDIDATES]={"li",0,"zhang",0,"zhao",0};
int main()
{
    int i,j;
```

```
        char leader_name[20];
            for(i=1;i<=VOTES;i++)
        {
            scanf("%s",leader_name);
            for(j=0;j<CANDIDATES;j++)
            {
                if(strcmp(leader_name,leader[j].name)==0)
                    leader[j].count++;
            }
        }
        printf("    姓名  票数\n");
        for(i=0;i<CANDIDATES;i++)
        {
            printf("%5s      %d\n",leader[i].name,leader[i].count);
        }
        return 0;
    }
```

9.1.5 拓展训练

【训练 1】

考试结束后都需要对学生成绩进行分析，为区分同名学生成绩，一般都用唯一的学号加以区分，因此一个学生的成绩就有三部分构成：学号，姓名，成绩。请设计一个简单的小程序，来实现如下功能：

具体要求如下：

根据学生人数，依次输入其学号，姓名，成绩等信息，输入完成后使用简单的排序算法实现成绩由高到低排列，求出平均成绩打印输出。

【参考答案】

ex9-2.c

```
#include<stdio.h>
#define STUAMOUNT 4
struct Student
{
int no;
char name[20];
float score;
```

```
};
int main()
{
    int i,j,k;
    float average=0.0,sum=0.0;
    struct Student stu[STUAMOUNT];
    struct Student temp;
    printf("请输入%d 名学号姓名成绩,以空格分割:\n",STUAMOUNT);
    for(i=0;i<STUAMOUNT;i++)
    {
        scanf("%d %s %f",&stu[i].no,&stu[i].name,&stu[i].score);
    }
    printf("按成绩排序后输出结果:\n");
    for(i=0;i<STUAMOUNT-1;i++)
    {
        k=i;
        for(j=i+1;j<STUAMOUNT;j++)
        {
            if(stu[j].score>stu[k].score)
                k=j;
        }
        temp=stu[k];
        stu[k]=stu[i];
        stu[i]=temp;
        for(i=0;i<STUAMOUNT;i++)
        {
            printf("%6d %8s %6.2f\n",stu[i].no,stu[i].name,stu[i].score);
            sum+=stu[i].score;
        }
        average = sum/STUAMOUNT;
        printf("学生平均成绩为:%.2f\n",average);
    }
    return 0;
}
```

【运行效果（图 9-2）】

```
请输入4名学号姓名成绩,以空格分割:
1001 zhang 88
1002 wang 92
1003 li 71
1004 dong 98
按成绩排序后输出结果:
  1004     dong  98.00
  1002     wang  92.00
  1001    zhang  88.00
  1003       li  71.00
学生平均成绩为:87.25
Press any key to continue
```

图 9-2　输入并统计输出学生分数

【训练 2】

在训练 1 的基础上，综合练习函数调用和静态链表的使用，完成下面功能。

具体要求如下：

编写输入函数 void Input(struct Student s[],int cnt)，Student 为传入的结构体数组，cnt 为要输入学生的人数作为输入函数；编写 void Sort(struct Student stu[],int cnt)函数实现按照学生成绩对 cnt 个学生进行排序；编写 void Output(struct Student s[],int cnt)实现对 cnt 个学生按照学号、姓名和成绩的输出。整个主函数中调用这三个子函数完成预定功能。

【参考答案】

ex9-3.c

```
#include<stdio.h>
#define STUAMOUNT 2
#define STUAMOUNT2 3
struct Student
{
    int no;
    char name[20];
    float score;
};
void Input(struct Student s[],int cnt)
{
    int i;
    printf("请输入%d 名学号姓名成绩，以空格分割:\n",cnt);
```

```
        for(i=0;i<cnt;i++)
        {
            scanf("%d %s %f",&s[i].no,&s[i].name,&s[i].score);
        }
}
void Sort(struct Student stu[],int cnt)
{
        int i,k,j;
        struct Student temp;
        for(i=0;i<cnt-1;i++)
        {
            k=i;
            for(j=i+1;j<cnt;j++)
            {
                if(stu[j].score>stu[k].score)
                    k=j;
            }
            temp=stu[k];
            stu[k]=stu[i];
            stu[i]=temp;
        }
}
void Output(struct Student s[],int cnt)
{
        float average=0.0,sum=0.0;
        int i;
        printf("按成绩排序后输出结果\n");
        for(i=0;i<cnt;i++)
        {
            printf("%6d %8s %6.2f\n",s[i].no,s[i].name,s[i].score);
            sum+=s[i].score;
        }
        average=sum/cnt;
        printf("输出平均成绩:%.2f\n",average);
}
int main()
{
        struct Student stu[STUAMOUNT];
```

```
    struct Student stu2[STUAMOUNT2];
    Input(stu,STUAMOUNT);
    Input(stu2,STUAMOUNT2);
    Sort(stu,STUAMOUNT);
    Sort(stu2,STUAMOUNT2);
    Output(stu,STUAMOUNT);
    Output(stu2,STUAMOUNT2);
    return 0;
}
```

【运行效果（图 9-3）】

```
请输入2名学号姓名成绩，以空格分割:
20150001 kongque 88.8
20150010 bianque 66.6
请输入3名学号姓名成绩，以空格分割:
20150030 caiming 56.8
20150031 kuangbin 36.2
20150032 panjing 97
按成绩排序后输出结果
20150001  kongque  88.80
20150010  bianque  66.60
输出平均成绩:77.70
按成绩排序后输出结果
20150032  panjing  97.00
20150030  caiming  56.80
20150031 kuangbin  36.20
输出平均成绩:63.33
Press any key to continue
```

图 9-3　通过子函数调用输入并统计输出学生分数

9.2 共用体(union)

9.2.1 案例需求

分析共用体变量元素赋值对其他元素的影响。运行效果如图 9-4 所示。

```
共用体大小: 4
d.c=A   d.a=65   d.b=65
Press any key to continue
```

图 9-4　共用体大小和变量值的变化

9. 2. 2 案例分析

（1）案例功能：解释共用体的声明，变量定义和初始化，变量元素值的变化。

（2）案例讨论：结构体和共用体有哪些异同处，共用体内各元素的内存如何分配，给共用体变量的一个元素赋值是否影响到其他元素的值。

9. 2. 3 相关知识点介绍

1.共用体的声明

共用体声明和结构体类似，区别在于所占用的内存空间不同。共用体中可以定义多个成员，所有成员共享同一块相同的内存，每次只能使用其中的一个成员，共用体的大小由最大成员的大小决定。

2.共用体变量定义

共用体变量定义可以在共用体声明时直接定义，也可以在使用前按照此种方式定义。和结构体变量定义一致，注意要加上 union 关键字，否则出错。

3.共用体变量元素赋值

与结构体变量对单个元素分别赋值类似。注意，由于共用体变量各元素共享一块内存，对第一个元素赋值后，如果再对后一个元素赋值将会把第一个覆盖，即最后一次的赋值才起决定性作用。

9. 2. 4 程序实现

1.编程思路

声明一个共用体，包含一个 char 型和两个 int 型变量，定义一个此类型的共用体变量，依次给三个变量赋值，用 sizeof 求出共用体所占字节大小并输出当前变量中三个元素的值，分析这三个值的变化情况。

2.编写代码

ex9-4.c

```
#include <stdio.h>
union Demo
{
	char a;
	int b;
	int c;
};
int main()
{
	union Demo d;
```

```
        d.a = 'a';
        d.b = 63;
        d.c = 65;
        printf("共用体大小: %d\n", sizeof(d));
        printf("d.a=%c\td.b=%d\td.c=%d\n",d.a,d.b,d.c);
        return 0;
    }
```

9.2.5 拓展训练

【训练 1】

串口通讯在日常生活中广泛应用，超市中的电子秤，收银机中都使用到串口。串口在发送接收数据时都需要按照一定的传输协议，一般都把数据分解成字节流发送和接收，设计一个简单的收发协议完成字节数据传输。

具体要求如下：

现在已知一商品重量(float 型)，请设计一个简单程序把其分解为字节流发送出去，然后接收这些字节流再解析出原商品重量。

【参考答案】

ex9-5.c

```
#include<stdio.h>
union Recv
{
    char array[4];
    float weight;
};
int main()
{
    int i;
    union Recv goods,tmp;
    tmp.weight=0;
    printf("输入要发送的货物重量\n");
    scanf("%f",&goods.weight);
    printf("分解为 4 个字节传输的值\n");
    for(i=0;i<4;i++)
    {
        printf("array[%d]=%d\n",i,goods.array[i]);
    }
```

```
    for(i=0;i<4;i++)
    {
        tmp.array[i]=goods.array[i];
    }
    printf("接收到 4 字节重组后的值:%.4f\n",tmp.weight);
    return 0;
}
```

【运行效果（图 9-5）】

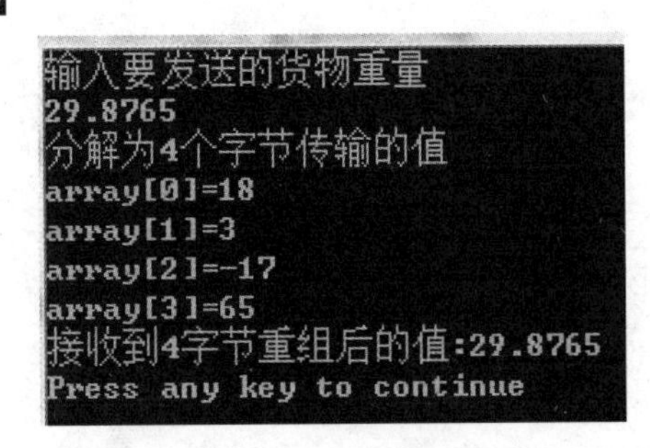

图 9-5　模拟串口字节流分解

【训练 2】

有一个数据库包含学生和教师等若干人员信息，他们大多数的数据项是相同的，但有一项不同，要求用一个表格来表示这些信息，使表格具有通用性。

具体要求如下：

在下表中姓名、编号和职业的数据类型都相同，班级/职务项根据职业来确定，如果职业是学生，那么这条信息表示其所在班级，若是教师则表示教师的部门。

姓名	编号	职业	班级/部门
李鹏	10001	s(学生)	201501
王光	200001	t(教师)	JsJ

【代码参考】

ex9-6.c

```
#include<stdio.h>
struct person
{
    char name[20];
    int no;
    char job;
    union
    {
```

```
            int clas;
            char position[10];
        }category;
};
int main()
{
        struct person per[5];
        int i;
        printf("请输入 5 个人的姓名  工号  职务  班级/部门\n");
        for(i=0;i<5;i++)
        {
            scanf("%s %d %c",per[i].name,&per[i].no,&per[i].job);
            if(per[i].job=='T'||per[i].job=='t')
                scanf("%s",per[i].category.position);
            else
                scanf("%d",&per[i].category.clas);
        }
        printf("按照姓名  工号  职务  班级/部门输出\n");
        for(i=0;i<5;i++)
        {
            printf("%s %d %c ",per[i].name,per[i].no,per[i].job);
            if(per[i].job=='T'||per[i].job=='t')
                printf("%s\n",per[i].category.position);
            else
                printf("%d\n",per[i].category.clas);
        }
}
```

【运行效果（图 9-6）】

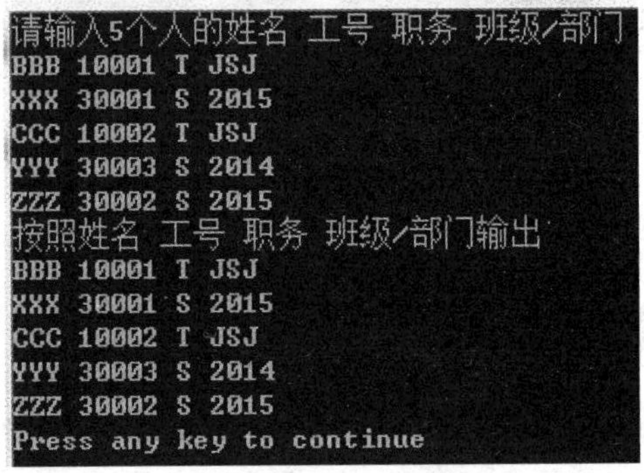

```
请输入5个人的姓名 工号 职务 班级/部门
BBB 10001 T JSJ
XXX 30001 S 2015
CCC 10002 T JSJ
YYY 30003 S 2014
ZZZ 30002 S 2015
按照姓名 工号 职务 班级/部门输出
BBB 10001 T JSJ
XXX 30001 S 2015
CCC 10002 T JSJ
YYY 30003 S 2014
ZZZ 30002 S 2015
Press any key to continue
```

图 9-6 共用体分类存储老师学生信息结果

9.3 实战经验

（1）错误引用结构体数组中的成员。

例如：

要使用第三个学生的年龄：

```
stu.age[2]                  //非法的
stu[2].age                  //正确
```

（2）使用结构体数组对成员输入时若成员为字符数组，输入时应做字符串输入，不需要加取地址符。

例如：

对于第一个学生进行输入信息：

```
scanf("%s",&stu[0].name);   //非法的
scanf("%s",stu[0].name);    //正确
```

（3）结构体是一种集合，它里面包含了多个变量或数组，结构成员可以为整型、浮点型、字符型、指针型和无值型。

例如：

```
struct
{
    char *name;             //姓名
    int num;                //学号
    int age;                //年龄
    char group;             //所在小组
    float score;            //成绩
} stu1;
```

（4）结构体不可以给结构体内部变量初始化。

例如：初始化学生的成绩都为 0：

```
struct student
{
      int name;
      int score=0;                    //非法
}A;
struct student
{
      int name;
      int score;
} A;
A.score=0;                            //正确
```

（5）结构体是一个新的数据类型，因此结构体变量也可以象其他类型的变量一样赋值，运算。

例如：给学生的成绩赋值

```
struct student
{
      int name;
      int score;                      //非法
}A;
Score=100;
struct student
{
      int name;
      int score;
} A;
A.score=100;                          //正确
```

6. 用关键字 typedef 定义结构体，在 C 语言中，typedef 的作用是为数据类型（包括 C 语言的内置类型）定义一个新的名字，就是取别名的意思，用 typedef 定义结构体的形式如下：

```
typedef struct  结构名
{
      数据成员 1;
      数据成员 2;
      ......
      数据成员 n;
}结构体别名;
```

习题

1. 输入并保存 10 个学生的姓名和出生日期，用 student 类型实现 1 个学生结构体类型数据的定义、输入和输出。

2. 参加比赛的每个选手都具有姓名、编号、出场次序等信息，要求用结构体实现如下功能：

- 正确定义选手信息所对应的数据类型，person。
- 用 person 类型实现 1 个选手的数据定义、输入和输出。
- 输入并保存 5 个选手的信息，并能随机查询第 i 个选手的具体信息。

3. 某单位进行选举，有 5 位候选人：jia，yi，bing，ding，wu。编写程序，统计每人所得的票数。要求每人的信息里包括两部分：name 和 votes，分别描述姓名和所得票数。每个人的信息用一个结构体来表示，5 个人的信息使用结构体数组。找出票数最多的选手并输出其票数。

4. n 只猴子围坐成一个圈，按顺时针方向从 1 到 n 编号。然后从 1 号猴子开始沿顺时针方向从 1 开始报数，报到 m 的猴子出局，再从刚出局猴子的下一个位置重新开始报数，如此重复，直至剩下一个猴子，它就是大王。输出猴王的编号。

5. 平面上有 n 个点，坐标均为整数。横坐标相同时按纵坐标排序，否则按横坐标排序。本题要求用结构体存储坐标，再进行排序。先升序排序输出，再降序排序输出，可以自己写排序函数，也可以用 qsort 库函数排序。输出有两行，即排序后的点，格式为(u,v)，每个点后有一个空格。第一行升序排序结果，第二行降序排序结果。

第10章 实践指导3：比赛报名系统

【教学目标】

通过比赛报名系统的编程实现，掌握循环、数组、结构体、共用体、函数等知识的综合应用与编程。

【技能目标】

1. 掌握循环、数组、结构体、共用体、函数等知识的综合应用与编程。

2. 掌握比赛报名系统增删查改参赛队伍各功能的编程实现，体会和总结增删查改功能的实现思路和迁移应用。

【知识目标】

1. 数组在程序中的使用方法。
2. 函数在程序中的使用方法。
3. 结构体和共用体在程序中的使用方法。
4. 学习数据缓冲区的使用方法。
5. 练习编程技巧。

【教学重点】

培养学生用编程方法来解决实际问题的能力。把一个问题逐步细化，运用一些编程技巧把任务分解为若干个小模块或功能，把这些功能用简单的编程逐个实现，最终解决全部问题。

10.1 功能描述

在这一章将使用到循环、数组、结构体、共用体、函数等综合知识来完成一个平顶山学院大学生程序设计竞赛报名系统的设计，报名信息中有队伍编号、参赛同学姓名、队伍名称、班级信息、电话号码等基本信息，如果有必要，可以加入更多的信息或者是双人组队或多人组队。通过这次实践动手编程，进一步加深前面学过知识的印象，提高学生的编程技能。

平顶山学院大学生程序设计大赛报名系统的主要功能模块如图10-1所示：

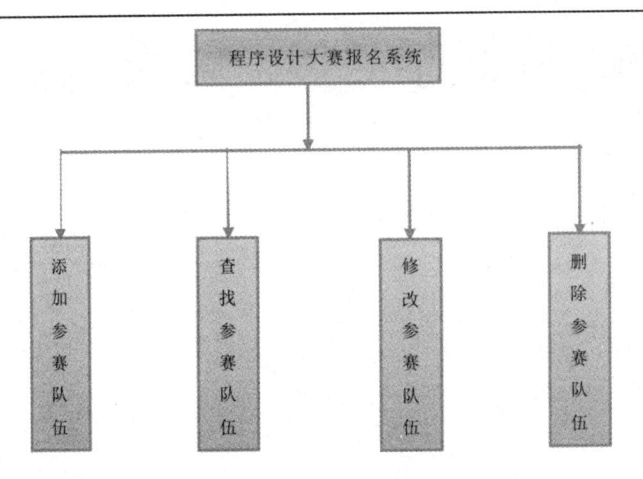

图 10-1　程序设计大赛报名系统功能模块图

10.2 程序实现

10.2.1 知识点梳理

1.函数调用

在此用到了函数的相互调用，如何利用函数的返回值得到函数返回的信息，指针和数组作为函数参数等。重点是综合以前的知识，从小的知识点解决功能性问题，具体内容参考第六章函数部分。

2.结构体大小

结构体是多种数据类型的集合，一个结构体变量在定义的时候系统会自动为其分配存储空间，求结构体变量占用空间的大小正常情况下是把结构体成员中各个变量大小直接相加即可，但在结构体成员因为大小书写顺序不同时，需要注意字节对齐的问题，这时候就不能简单地把各个变量的大小进行加操作来得出整个结构体变量所占用的空间大小。

我们都知道，char 类型占用 1 个字节，int 型占用 4 个字节，short 类型占用 2 个字节，long 占用 8 个，double 占用 8 个；对于下面三种格式的结构体，当我们求结构体变量大小，我们可能就是直接 1+4+2=7，该结构体占用 7 个字节。这个答案对吗？不急于得出答案，先分析一下。

```
struct tagPhone1
{
char    A;
int     B;
short   C;
}Phone1;
```
格式一

```
struct tagPhone2
{
char    A;
short   C;
int     B;
}Phone2;
```
格式二

```
struct tagPhone3
{
char    A;
char    B[2];
char    C[4];
}Phone3;
```
格式三

计算结构体大小时需要考虑其内存布局，结构体在内存中存放是按单元存放的，每个单元多大取决于结构体中最大基本类型的大小。在格式一中 int 型占用 4 个来作为倍数，因为 A 占用一个字节后，B 放不下，所以开辟新的单元，然后开辟新的单元放 C，所以格式一占用的字节数为：3*4=12；对于格式二因为 A 后面还有三个字节，足够 C 存放，C 根着 A 后面存放，然后开辟新单元存放 B 数据，所以格式二占用的内存字节为 2*4=8；格式三中 sizeof(Phone3) = 1 + 2 + 4 = 7，其大小为结构体中各字段大小之和，这也是最节省空间的一种写法。

1	2	3	4
A			
B	B	B	B
C	C		

格式一存储格式

1	2	3	4
A	C	C	
B	B	B	B

格式二存储格式

1	2	3	4	5	6	7
A	B	B	C	C	C	C

格式三存储

第一种写法，空间浪费严重，sizeof 计算大小与预期不一致，但是保持了每个字段的数据类型。这也是最常见的漫不经心的写法，一般人很容易这样写；第三种写法，最节省空间的写法，也是使用 sizeof 求大小与预期一样的写法，但是全部使用字节类型，丢失了字段本身的数据类型，不方便使用；第二种写法，介于第一种和第三种写法之间，其空间上比较紧凑，同时又保持了结构体中字段的数据类型。只要了解这些写法的差异性，可以视情况选用。

10.2.2 队伍信息结构体定义

```
#define TEAM_MAX_NUM 200
#define NAME_MAX_LEN 10
#define TELL_MAX_LEN 11
#define ADDR_MAX_LEN 50
#define EMAIL_MAX_LEN 20

struct Team
{
    char teamName[NAME_MAX_LEN];
    char tel[TELL_MAX_LEN];
    char addr[ADDR_MAX_LEN];
    char em[EMAIL_MAX_LEN];
    };
```

在此定义一个名为 Team 的结构体，包含四部分信息。这里面要存储的信息都设置为字符型，根据前面的知识可知一个字符占一个字节(一个 char 类型)，一个汉字占两个字节，因此在这里定义四个常量 NAME_MAX_LEN、TELL_MAX_LEN、ADDR_MAX_LEN 和 EMAIL_MAX_LEN 分别表示姓名、电话、地址和邮箱的最大命名长度。如果使用者觉得最大长度太小，只需更改宏定义处的常数。比赛举办方如果想扩展参赛人员属性，只需在此结构体中添加新的类型。在使用的时候需要定义此结构体类型的变量。

10.2.3 主界面程序

主界面程序是大赛报名系统的目录菜单，提供基本功能选项提示，根据提示输入菜单数字可选择要执行的功能。运行如图 10-1 所示。

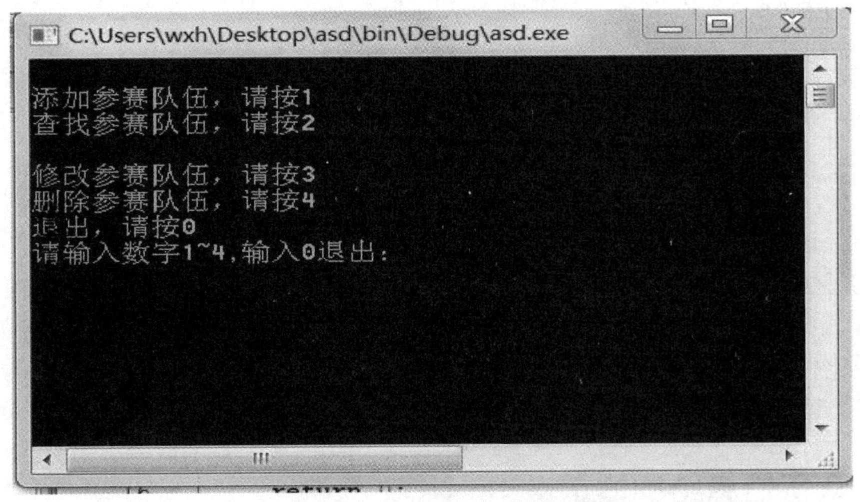

图 10-1 比赛报名系统主界面

```
struct teams[SPACE_MAX_LEN];   //定义一个全局变量，用于存储全部队伍信息
int main()
{
    int m;
    while(1)
    {
        printf("\n 添加参赛队伍，请按 1");
        printf("\n 查找参赛队伍，请按 2");
        printf("\n 修改参赛队伍，请按 3");
        printf("\n 删除参赛队伍，请按 4");
        printf("\n 退出，请按 0\n");
        printf("请输入数字 1~4,输入 0 退出：");
        scanf("%d",&m);
        getchar();                                  //接收输入之后的回车符
        while(m<0||m>4)
        {
```

```
            printf("\n 抱歉，您输入的值不是 1~4 的数字^@@^,请再次输入:");
            scanf("%d",&m);
            getchar();
        }
        if(m>=0&&m<=4)
        {
            switch(m)
            {
                case 1: insert();
                    break;
                case 2: search();
                    break;
                case 3: modify();
                    break;
                case 4: delete();
                    break;
                case 0: exit();
            }
            printf("\n 操作完毕，请再次选择！ \n");
        }
    }
}
```

10.2.4 添加参赛队伍

要保存参赛队伍信息就需要在保存信息之前为其分配相应的存储空间，我们已经学习过了数组、指针和结构体，因此在这里我们有两种方法来实现存储空间的分配——静态分配和动态分配。静态内存分配可以利用结构体数组来实现，事先定义好一个足够大的存储空间供存储参赛队伍信息。动态内存分配是在用户需要的时候才申请存储空间。整体来说，静态内存分配比较简单，但是内存利用率相对较低，扩展性不好，动态内存分配效率高，使用起来灵活，扩展性好，链表是动态内存分配使用很好的例子。在这里先使用静态方式进行讲解，再以链表方式讲解。

```
void insert()
{
    char i=0;
    while(tel [i].used==1&&i< TEAM_MAX_NUM)
    {
        i++;
```

```
    }
    if(i==TEAM_MAX_NUM)
    {
        printf("队伍已满，无法添加新的参赛队伍");
        return;
    }
    tel [i].used=1;
    printf("\n 请输入添加的队伍名称：");
    scanf("%s", tel [i].name);
    printf("请输入电话号码：");
    scanf("%s", tel [i].tel);
    printf("请输入住址：");
    scanf("%s", tel [i].addr);
    printf("请输入电子邮件：");
    scanf("%s", tel [i].em);
    printf("\n 你添加的信息：\n");
    printf("%s    %s    %s    %s\n", tel [i].name, tel [i].tel, tel [i].addr, tel [i].em);
}
```

10.2.5 查找参赛队伍

```
void search()
 {
    char i=0;
    char namekey[10];
    printf("\n 请输入你要查找的队伍名称:");
    scanf("%s",namekey);
     while(i< TEAM_MAX_NUM)
    {
        if(!strcmp(namekey, tel [i].name))
        {
            printf("\n 已查到，记录为：");
            printf("\n%s    %s    %s    %s" tel [i].name, tel [i].tel, tel [i].addr, tel [i].em);
            break;                              //若此处无 break,则会继续向下查找
        }
        else
            i++;
    }
```

```
    if(i== TEAM_MAX_NUM)
        printf("\n 对不起，本次比赛中没有此队伍的信息。");
}
```

10.2.6 修改参赛队伍信息

```
void modify()
{
    char i=0,new=0;
    char namekey[10];
    printf("\n 请输入你要修改参赛队伍的姓名:");
    scanf("%s",namekey);
     while(i< TEAM_MAX_NUM)
    {
        if(!strcmp(namekey, tel [i].name))
        {
            printf("\n 当前参赛队伍的信息为：");
            printf("\n%s   %s   %s   %s" tel [i].name, tel [i].tel, tel [i].addr, tel [i].em);
            printf("\n 请输入添加的队伍门窗：");
            scanf("%s", tel [i].name);
            printf("请输入电话号码：");
            scanf("%s", tel [i].tel);
            printf("请输入住址：");
            scanf("%s", tel [i].addr);
            printf("请输入电子邮件：");
            scanf("%s", tel [i].em);
            printf("\n 你添加的信息：\n");
           printf("%s   %s   %s   %s\n", tel [i].name, tel [i].>tel, tel [i].addr, tel [i].em);
            break;                          //若此处无 break,则会继续向下查找
        }
        else
            i++;
    }
    if(i== TEAM_MAX_NUM)
    {
        printf("\n 对不起，本次比赛中没有此队伍的信息。");
        printf("\n 输入 1 进入添加联系人菜单，输入 0 退出。");
        scanf("%d",&new);
```

```
            getchar();                              //接收输入之后的回车符
            while(new!=0&&new !=1)
            {
                printf("\n 抱歉，您输入的值不对,请再次输入:");
                scanf("%d",&new);
                getchar();
            }
             if(new==0)
            exit();
            else
            append();
        }
    }
```

10.2.7 删除参赛队伍

```
    void delete()
     {
        char i=0,YorN;
        char namekey[10];
        printf("\n 请输入你要删除参赛队伍名称:");
        scanf("%s",namekey);
         while(i< TEAM_MAX_NUM)
        {
            if(!strcmp(namekey, tel [i].name))
            {
                printf("\n 你要删除的参赛队伍信息如下：");
                printf("\n%s   %s   %s   %s" tel [i].name, tel [i].tel, tel [i].addr, tel [i].em);
                printf("\n 你确定要删除吗？确定输入 Y,取消输入 N：");
                scanf("%c",& YorN);
                getchar();                              //接收输入之后的回车符
                while((YorN!='Y'&& YorN!='N') &&(YorN!='y'&& YorN!='n'))
                {
                    printf("\n 抱歉，您输入的值不对,请再次输入:");
                    scanf("%d",& YorN);
                    getchar();
                }
             if(YorN =='Y'|| YorN=='y')
```

```
        {
            tel [i].used=0;
            }
            else
            exit();
            break;                          //若此处无 break,则会继续向下查找
        }
        else
            i++;
    }
    if(i== SPACE_MAX_LEN)
        printf("\n 对不起，本次比赛中没有此队伍的记录。");
}
```

10.3 使用动态链表实现程序代码

链表结构体类型定义,定义的常量参考上一节中的代码。

```
struct team
{
    char name[NAME_MAX_LEN];
    char tel[TELL_MAX_LEN];
    char addr[ADDR_MAX_LEN];
    char em[EMAIL_MAX_LEN];
    struct team *next;
};
struct team *creat(void)
{
    struct team *head;
    int n=0;
    head =(struct team *)malloc(struct team);
    if(head ==NULL)
    {
        printf(“创建比赛报名信息失败，空间不足\n”);
        return;
    }
    printf(“初始化一个新的参赛队伍\n”);
    head->next=NULL;
```

```
    printf("\n 请输入添加的姓名：");
    scanf("%s", head ->name);
    printf("请输入电话号码：");
    scanf("%s", head ->tel);
    printf("请输入住址：");
    scanf("%s", head ->addr);
    printf("请输入电子邮件：");
    scanf("%s", head ->em);
    printf("\n 创建成功，你添加的信息：\n");
    printf("%s   %s   %s   %s\n", head ->name, head ->tel, head ->addr, head ->em);
    return head;                              //返回新建立的节点
}
void insert(struct team *head)
{
    struct team *p,*pnew;
    p=head;
    while(p->next!=NULL)
        p=p->next;
    pnew =(struct team *)malloc(struct team);
    if(pnew==NULL)
    {
        printf("空间不足,添加队伍信息失败\n");
        return;
    }
    pnew ->next=NULL;
    printf("\n 请输入添加的队伍名称：");
    scanf("%s", pnew ->name);
    printf("请输入电话号码：");
    scanf("%s", pnew ->tel);
    printf("请输入住址：");
    scanf("%s", pnew ->addr);
    printf("请输入电子邮件：");
    scanf("%s", pnew ->em);
    printf("\n 添加参赛队伍成功，你添加的队伍信息：\n");
    printf("%s   %s   %s   %s\n", pnew ->name, pnew ->tel, pnew ->addr, pnew ->em);
    p->next=pnew;
}
void search(struct team *head)
```

```
{
    struct team *p,pnew;
    p=head;
    printf("请输入你要查找的参赛队伍是：\n");
    scanf("%s", pnew ->name);
    while(p->next!=NULL)
    {
        if(strcmp(p->name,pnew->name)==1)
        {
            printf("\n 你查找参赛队伍为：\n");
            printf("%s    %s    %s    %s\n", p ->name, p ->tel, p ->addr, p ->em);
            break;
        }
    }
    if(p->next==NULL)
    {
        printf("本次比赛中不存在你查找的队伍信息\n");
        return;
    }
}
void modify(struct team *head)
{
    struct team *p,pnew;
    p=head;
    printf("请输入你要修改的队伍名称\n");
    scanf("%s", pnew ->name);
    while(p->next!=NULL)
    {
        if(strcmp(p->name,pnew->name)==1)
        {
            printf("\n 你要修改的参赛队伍信息为：\n");
            printf("%s    %s    %s    %s\n", p ->name, p ->tel, p ->addr, p ->em);
            printf("\n 请根据提示输入新的参赛队伍信息：\n");
            printf("\n 请输入添加的姓名：");
            scanf("%s", p ->name);
            printf("请输入电话号码：");
            scanf("%s", p ->tel);
            printf("请输入住址：");
```

```
            scanf("%s", p ->addr);
            printf("请输入电子邮件：");
            scanf("%s", p ->em);
            printf("\n 修改成功，你修改后的信息为：\n");
                printf("%s    %s    %s    %s\n", p ->name, p ->tel, p ->addr, p
          ->em);
            break;
        }
    }
    if(p->next==NULL)
    {
        printf("本次比赛中不存在你要修改的参赛队伍\n");
        return;
    }
}
void delete(struct team *head)
{
    struct team *p1,p2,pnew;
    char YorN;
    p1=p2=head;
    printf("请输入你要删除的参赛队伍姓名\n");
    scanf("%s", pnew ->name);
    while(p1->next!=NULL)
    {
        if(strcmp(p1->name,pnew->name)==1)
        {
            printf("\n 你要删除的参赛队伍信息为：\n");
            printf("%s    %s    %s    %s\n", p1 ->name, p1 ->tel, p1 ->addr, p1 ->em);
            printf("\n 你确定要删除吗？确定输入 Y,取消输入 N：");
            scanf("%c",& YorN);
            getchar();
            while((YorN!='Y'&& YorN!='N')|| (YorN!='y'&& YorN!='n'))
            {
                printf("\n 抱歉，您输入的值不对,请再次输入:");
                scanf("%d",& YorN);
                getchar();
            }
        if(YorN =='Y'|| YorN=='y')
```

```
        {
            p2=p1->next;
            free(p1);
            }
            else
            exit();
        }
        p2=p2->next;
    }
    if(p->next==NULL)
    {
        printf("本次比赛中不存在你要删除的参赛队伍\n");
        return;
    }
}
int main()
{
    struct team    *head;
    int m;
    static char hadcreatedflag=0;
    printf("\n 在使用之前请先按 1 创建一次程序比赛\n");
    while(1)
    {
        printf("\n 创建，请按 1");
        printf("\n 添加，请按 2");
        printf("\n 查找，请按 3");
        printf("\n 修改，请按 4");
        printf("\n 删除，请按 5");
        printf("\n 退出，请按 0\n");
        printf("请输入数字 1~5,输入 0 退出：");
        scanf("%d",&m);
        getchar();                                  //接收输入之后的回车符
        while(m<0||m>4)
        {
            printf("\n 抱歉，您输入的值不是 1~5 的数字^@@^,请再次输入:");
            scanf("%d",&m);
            getchar();
        }
```

```
        if(m>=0&&m<=5)
        {
            switch(m)
            {
                case 1:
                    if(hadcreatedflag==0)
                        head =creat();
                    else
                        printf("已经创建过了，请选择其他操作");
                    break;
                case 2:
                    if(hadcreatedflag==0)
                        printf("没有比赛，请先创建一个\n");
                    else
                    insert(head);
                    break;
                case 3:
                    if(hadcreatedflag==0)
                        printf("没有比赛，请先创建一个\n");
                    else
                    search(head);
                case 4:
                    if(hadcreatedflag==0)
                        printf("没有比赛，请先创建一个\n");
                    else
                    modify(head);
                case 5:
                    if(hadcreatedflag==0)
                        printf("没有比赛，请先创建一个\n");
                    else
                    delete(head);
                case 0:
                    exit();
            }

            printf("\n 操作完毕，请再次选择！ \n");
        }
    }
```

第 11 章　文件

【教学目标】

通过实现一个字符串写入一个文件的过程使学生掌握文件的读写操作。

【技能目标】

能够将单个字符、字符串进行读写。

【知识目标】

1. 文件指针。
2. 文件的打开与关闭。
3. 文件的读写。
4. 文件定位。

【教学重点】

引导学生站在机器的角度思考问题，掌握文件的读写操作。

11.1 文件概述

通常意义上的文件，一般指数据文件。而从操作系统的角度来看，与主机相连的任何输入输出设备都可以看做是文件。例如，键盘是输入文件，打印机是输出文件。

当程序在执行时，数据都是暂存在内存中，一旦出现意外内存中的数据就会丢失，为了能将程序的执行结果或中间过程保存起来，最好的方式就是将数据存放在文件中。操作系统也是以文件为单位对数据进行管理的。

在 C 语言中，我们对文件的操作是通过“文件类型指针”来实现的。当要完成对文件的操作时，系统会自动地在内存中为该文件开辟一个缓冲区，用来存放文件的相关信息，例如：文件名，文件状态及文件当前位置等。而这些信息是保存在一个结构体变量中，该结构体是由系统定义的，使用时要包含“stdio.h”头文件。结构体 FILE 的定义如下：

```
Typedef struct {
    short           level;          // 缓冲区使用情况
    unsigned        flag;           // 文件状态标志
    char            fd;             // 文件描述符
    short           bsize;          // 缓冲区大小
    unsigned char   *buffer;        // 缓冲区首地址
    unsigned char   *curp;          //指向文件缓冲区的工作指针
    unsigned char   hold;
```

```
    unsigned        istemp;
    short           token;
}FILE;
```

不同版本的 C 编译系统 FLIE 结构体内包含的内容不完全一样，可不必深究。

文件指针的定义形式为：

FILE *指针变量标识符；

其中 FILE 应为大写，它实际上是由系统定义的一个结构，该结构中含有文件名、文件状态和文件当前位置等信息。在编写源程序时不必关心 FILE 结构的细节。

例如：

```
FILE    *fp;                // 定义了一个名为 fp 的文件指针
```

表示 fp 是指向 FILE 结构的指针变量，通过 fp 即可找存放某个文件信息的结构变量，然后按结构变量提供的信息找到该文件，实施对文件的操作。

11.2 文件打开与关闭

11.2.1 案例需求

实现文件的打开与关闭。

11.2.2 案例分析

（1）案例功能：实现文件的打开与关闭操作。

（2）案例讨论：在对文件操作完成之后，为什么要对文件进行关闭操作？如果不对文件进行关闭操作会产生什么影响？

11.2.3 相关知识点介绍

1.文件的打开

fopen 函数用来打开一个文件，其调用的一般形式为：

```
FILE *fp;
fp=fopen（文件名, 使用文件方式）;
```

其中，“文件名”是被打开文件的文件名，包含文件的路径；“使用文件方式”是指文件的类型和操作要求。表 11-1 列出了这些使用方式。

例如：

```
FILE *fp;
fp=("file1","r");
```

其意义是在当前目录下打开文件 file1，只允许进行“读”操作，并使 fp 指向该文件。

表 11-1 使用文件方式

使用方式	处理方式	打开文件不存在时	打开文件存在时
r	只读（文本文件）	出错	正常打开
w	只写（文本文件）	创建新文件	文件原内容丢失
a	追加（文本文件）	创建新文件	在文件原有内容后面追加
r+	读/写（文本文件）	出错	正常打开
a+	读/追加（文本文件）	建立新文件	在文件原有内容后面追加
w+	写/读（文本文件）	建立新文件	文件原有内容丢失
rb	只读（二进制文件）	出错	正常打开
wb	只写（二进制文件）	建立新文件	文件原有内容丢失
ab	追加（二进制文件）	建立新文件	在文件原有内容后面追加
rb+	读/写（二进制文件）	出错	正常打开
wb+	写/读（二进制文件）	建立新文件	文件原有内容丢失
ab+	读/追加(二进制文件)	建立新文件	在文件原有内容后面追加

在打开文件操作失败时，函数 fopen()将会返回一个不指向任何对象的 NULL 值。常见的打开文件操作失败的情况有以下四种：

（1）文件所在的设备没有准备好；

（2）给定的路径上没有指定的文件；

（3）文件名拼写错误；

（4）试图以不正确的使用方式打开某个文件。

编程中经常检测函数 fopen()是否返回 NULL 值来判断打开文件操作是否成功。

```
#include <stdio.h>
void main()
{
FILE *fp;
fp=fopen("d:\\jrzh\\example\\file1.txt ","r");
if (fp==NULL){
    printf("Can not open the file!\n");
    exit(0);
  }
```

}

如果文件打开成功，fp 就指向 file1.txt 文件，否则 fp 的值为 NULL。当文件打开失败，程序输出相应的错误信息提示，并退出系统。上述代码中用到了 exit()函数，作用是终止正在执行的程序。该函数在结束之前会把文件缓冲区中的内容回写文件，然后关闭该文件。exit(0)表示程序正常退出，如果 exit()的参数传入不是 0，表示程序异常退出。该函数定义在“stdlib.h”中。

2.文件的关闭

文件操作结束前，必须关闭文件。执行关闭文件操作时，系统会对文件缓冲区中的数据写入文件，并释放文件指针指向的存放文件信息结构体的内存资源。否则可能会引发数据的丢失。

关闭文件使用 fclose()函数。格式如下：

fclose（文件指针）;

其中的“文件指针”参数，就是保存打开文件操作时 fopen 函数返回值的 FILE 指针变量。正常完成关闭文件操作时，fclose（）函数返回值为 0。如返回非零值则表示有错误发生。记住，当程序不再访问一个文件后，需要立即关闭该文件，以保证该文件指针与某个具体的文件不再有联系，这样就可以释放掉其所占用的资源。

11.2.4 程序实现

1.编程思路

用 FILE *指针变量标识符定义文件指针，使用 fopen()函数打开一个文件，使用 fclose()关闭文件。

2.编写代码

Ex11-1.c

```
#include<stdio.h>
int main()
  {
        FILE *fp;                                                    //  定义文件指针
        if(fp = fopen(d:\\jrzh\\example\\file1.txt ","r") == NULL)     //  打开文件
        {
                printf(“Can not open the file!\n”);
        exit(0);
          }
        fclose(fp);                                                  // 关闭文件
        return 0;
  }
```

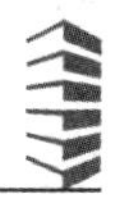

11.2.5 拓展训练

【训练 1】

从磁盘某位置打开一个文件，判断是否打开正确，最后对文件进行正确关闭操作。

11.3 文件的读写操作

11.3.1 案例需求

从键盘输入字符，写入一个文件，再把该文件内容读出显示在屏幕上（图 11-1），要求：第一种方法用 fgetc 和 fputc 函数实现；第二种方法用 fgets 和 fputs 实现。

```
input a string:
pingdingshanxueyuan
pingdingshanxueyuan
Press any key to continue
```

图 11-1　文件读写运行界面

11.3.2 案例分析

（1）案例功能：对字符进行读写。

（2）案例讨论：使用学过的知识点能否实现、如何实现？

11.3.3 相关知识点介绍

1.用于文件读写的单个字符的库函数—— fgetc()和 fputc()。

fputc 函数的功能是把一个字符写入指定的文件中，函数调用的形式为：

fputc(字符量，文件指针);

其中，待写入的字符量可以是字符常量或变量，例如：

fputc('a',fp);

其意义是把字符 a 写入 fp 所指向的文件中。

对于 fputc 函数的使用也要说明几点：

（1）被写入的文件可以用写、读写、追加方式打开，用写或读写方式打开一个已存在的文件时将清除原有的文件内容，写入字符从文件首开始。如需保留原有文件内容，希望写入的字符以文件末开始存放，必须以追加方式打开文件。被写入的文件若不存在，则创建该文件。

（2）每写入一个字符，文件内部位置指针向后移动一个字节。

（3）fputc 函数有一个返回值，如写入成功则返回写入的字符，否则返回一个 EOF。可用此来判断写入是否成功。

fgetc 函数的功能是从指定的文件中读一个字符，函数调用的形式为：

字符变量=fgetc(文件指针)；

例如：

```
ch=fgetc(fp);
```

其意义是从打开的文件 fp 中读取一个字符并送入 ch 中。

对于 fgetc 函数的使用有以下几点说明：

（1）在 fgetc 函数调用中，读取的文件必须是以读或读写方式打开的。

（2）读取字符的结果也可以不向字符变量赋值，

例如：

```
fgetc(fp);
```

但是读出的字符不能保存。

（3）在文件内部有一个位置指针。用来指向文件的当前读写字节。在文件打开时，该指针总是指向文件的第一个字节。使用 fgetc 函数后，该位置指针将向后移动一个字节。因此可连续多次使用 fgetc 函数，读取多个字符。应注意文件指针和文件内部的位置指针不是一回事。文件指针是指向整个文件的，须在程序中定义说明，只要不重新赋值，文件指针的值是不变的。文件内部的位置指针用以指示文件内部的当前读写位置，每读写一次，该指针均向后移动，它不需在程序中定义说明，而是由系统自动设置的。

2.用于文件读写的字符串的库函数——fgets()和 fputs()。

fputs 函数的功能是把一个字符串写入指定的文件中，函数调用的形式为：

fputs(字符数组，文件指针)；

其中，待写入的字符量可以是字符串常量或字符指针变量名，例如：

```
fputs('abcde',fp);
```

其意义是把字符串“abcde”写入 fp 所指向的文件中。

fgets 函数的功能是从指定的文件中读一个字符串，函数调用的形式为：

fgets(字符数组, 字符个数, 文件指针)；

例如：

```
fgets(str, strlen(str), fp);
```

其意义是从 fp 所指向的文件中，读取 strlen(str)长度的字符串，存放到 str 字符数组中。

11. 3. 4 程序实现

1.编程思路

第一种方法：用 FILE *指针变量标识符定义文件指针，使用 fopen 函数打开一个文件，用 fgetc 读入一个个字符到文件中，然后用 fputc 再把文件的内容一个个字符读出并显示在屏幕上。

2.编写代码

Ex11-2.c

```
#include<stdio.h>
#include<stdlib.h>
main()
{
  FILE *fp; //文件指针定义
  char ch;
  if((fp=fopen("d:\\jrzh\\example\\file2","wt+"))==NULL) //文件打开
  {
    printf("Cannot open file strike any key exit!");
    getchar();
    exit(0);
  }
  printf("input a string:\n");
  ch=getchar();
  while (ch!='#')                                          //  #表示输入结束
  {
    fputc(ch,fp); //输入字符，储存到文件中
    ch=getchar();
  }
  ch=fgetc(fp); //文件读出
  while(ch!=EOF)
  {
    putchar(ch);
    ch=fgetc(fp);
  }
  printf("\n");
  fclose(fp); //文件关闭
}
```

3.编程思路

第二种方法：用 FILE *指针变量标识符定义文件指针，使用 fopen 函数打开一个文件，用 fputs 将字符串的内容保存在文件中，用 fgets 将保存在文件中的字符串读出并显示在屏幕上。

4.编写代码

Ex11-3.c

```
#include<stdio.h>
#include<stdlib.h>
#include<string.h>
main()
{
   FILE *fp; //文件指针定义
   char ch[100];
   if((fp=fopen("d:\\jrzh\\example\\file3","wt+"))==NULL) //文件打开
   {
      printf("Cannot open file strike any key exit!");
      getchar();
      exit(0);
   }
     printf("input a string:\n");
     gets(ch);
     fputs(ch,fp);
     fclose(fp);
   if((fp=fopen("d:\\jrzh\\example\\file3","wt+"))==NULL)          // 重新打开文件
   {
      printf("Cannot open file strike any key exit!");
      getchar();
      exit(0);
   }
   fgets(ch,strlen(ch)+1,fp);
   puts(ch);
   printf("\n");
   fclose(fp); //文件关闭
}
```

11.3.5 拓展训练

【训练 1】

从键盘输入两个学生数据，写入一个文件中，再读出这两个学生的数据显示在屏幕上。

【训练2】

在学生文件 stu_list 中读出第二个学生的数据。

【延伸阅读】

在文件读写过程中还可以把成组的数据写入到文件或从文件读出到内存中。这时需要用的函数是 fread 和 fwrite。

fread()函数实现从文件指针指定的文件中读取指定长度数据块的功能。fread()函数的原型定义为：

```
int fread(char * buffer,int size,int count,FILE * fp);
```

其中：

参数 buffer：为指向存放读入数据设置的缓冲区的指针或作为缓冲区的字符数组；

参数 size：为读取的数据块中每个数据项的长度（单位为字节）；

参数 count：为要读取的数据项的个数；

参数 fp：为文件型指针。

如果执行 fread()函数时没有遇到文件结束符，则实际读取的数据长度应为：size×count（字节）。

fread()函数在执行成功以后，会将实际读取到的数据项个数作为返回值；如果读取数据失败或一开始读就遇到了文件结束符，则返回一个 NULL 值。

fwrite()函数实现将一个字符串写入到指定的文件中去的功能。fwrite()函数的原型定义为：

```
int fwrite(char * buffer,int size,int count,FILE * fp);
```

其中：

参数 buffer：是一个指针，它指向输出数据缓冲区的首地址；

参数 size：为待写入文件的数据块中每个数据项的长度（单位为字节）；

参数 count：为待写入文件的数据项的个数；

参数 fp：为文件型指针。

fwrite()函数具有整型的返回值，当向文件输出操作成功时，则返回写入的数据块的个数，如果输出失败，则返回 NULL。

> 提示：利用 fread()函数和 fwrite()函数读写二进制文件时非常方便，可以对任何类型的数据进行读写。当 fread()和 fwrite()调用成功时，函数都将返回 count 的值，即输入输出数据项的个数。

若有如下定义：

```
struct person {
      char name[10];
      int age;
      char sex;
}per,perArr[10];
```

将一个 per 的信息写入的文件，语句可以这样写：

```
fwrite(&per,sizeof(per),1,fp);
```

将结构数组 perArr 的前 5 个元素写入文件，语句可以这样写：

```
fwrite(perArr,sizeof(perArr[0]),5,fp);
```

11.4 实战经验

（1）定义指向文件类型的指针变量的时候，变量的类型为 FILE，不能用小写只能是大写。例如：file * fp;是非法的。

正确的应该是：FILE * fp;。

（2）文件的打开

1）打开文件时，传入路径的格式容易出错。fopen("filePath","r");注意转义字符造成的错误。

例如：打开"D:\user\a.txt"这个文件，这样\u 和\a 是被转义的字符，不能被编译器正确编译。

正确的应该是："D:\\user\\a.txt"或者"D:/user/a.txt" 。

例如：fopen("D:\user\a.txt","r");是错误的。

正确的应为：fopen("D:\\user\\a.txt","r");或者 fopen("D:/user/a.txt","r");。

2）以只读方式打开不存在的文件，则会打开文件失败。fopen("filePath","r");所打开的文件必须是已经存在的，否则就会出现错误，常用下面的方法打开文件。

```
if((fp=fopen("file1","r"))==NULL)
{
    printf("cannot open this file\n");
    exit(0);
}
```

3）一些常见的文件打开方式及错误：

r 打开只读文件，该文件必须存在。

r+ 打开可读写的文件，该文件必须存在。

w 打开只写文件，若文件存在则文件长度清为 0，即该文件内容会消失。若文件不存在则建立该文件。

w+ 打开可读写文件，若文件存在则文件长度清为零，即该文件内容会消失。若文件不存在则建立该文件。

a 以附加的方式打开只写文件。若文件不存在，则会建立该文件，如果文件存在，写入的数据会被加到文件尾，即文件原先的内容会被保留。

a+ 以附加方式打开可读写的文件。若文件不存在，则会建立该文件，如果文件存在，写入的数据会被加到文件尾后，即文件原先的内容会被保留。

（3）文件的读写。

fgets(str,n,fp)遇到换行或者文件末尾会提前结束。例如文件中有以下字符：

hello word

my name is liHua.

使用 fgets(str,15,fp)读文件时，实际上只会读入第一行的内容，虽然要求读入 15 个字符，但提前遇到了换行，所以就此终止了。

（4）如果文件打开后忘记关闭，虽然系统会自动关闭所有文件，但可能会造成数据丢失。因此在文件使用完后必须关闭文件。

习题

1. 字符输入:从键盘输入一些字符，逐个把它们送到磁盘上去，直到输入“#”结束。

2. 文件复制:一个文件的信息复制到另一个文件。今要求将上例建立的 file1.dat 文件中的内容复制到另一个磁盘文件 file2.dat 中。

3. 文件排序保存:从键盘中输入若干个字符，对它们按字母大小排序，然后将排好序的字符串送到磁盘文件中保存。

4. 文件保存:从键盘输入 10 个学生的有关数据，然后把它们转存到磁盘文件上。

第 12 章 实践指导 4：汽车订票系统

【教学目标】

通过汽车订票系统的编程实现，掌握 C 语言中指针、链表、结构体等知识的综合应用与编程。

【技能目标】

1. 掌握 C 语言中指针、链表、结构体等知识的综合应用与编程。
2. 掌握汽车订票系统中增加、查询、修改、显示、保存以及预定车票等功能编程实现，强化 C 语言程序开发技能。

【知识目标】

1. 指针在程序中的应用。
2. 链表在程序中的应用。
3. 结构体在应用程序中的应用。
4. 在应用程序中的应用。

【教学重点】

培养学生的编程思维，引导学生将前期所学知识灵活的运用到应用程序编写中。

12.1 功能描述

汽车订票系统主要功能模块图（图 12-1）如下所示：

（1）增加汽车信息：添加车次，以及该车次的始发站所在城市、终点站所在城市、发车时间、到站时间、票价以及可预订票数信息；

（2）查询汽车信息：根据车次或者到达城市进行查询，如果输入的为车次，则查出来该车次的相关信息，如果按照到达城市查询，则查询出来的为到达该城市的所有车次的记录；

（3）预订车票：根据输入的到达城市，查询出相关记录，然后输入相关信息，进行预订；

（4）更新汽车信息：根据输入的车次对该汽车信息进行修改；

（5）显示汽车信息：显示所有汽车信息；

（6）保存信息：将汽车记录与订票记录分别保存到文件。

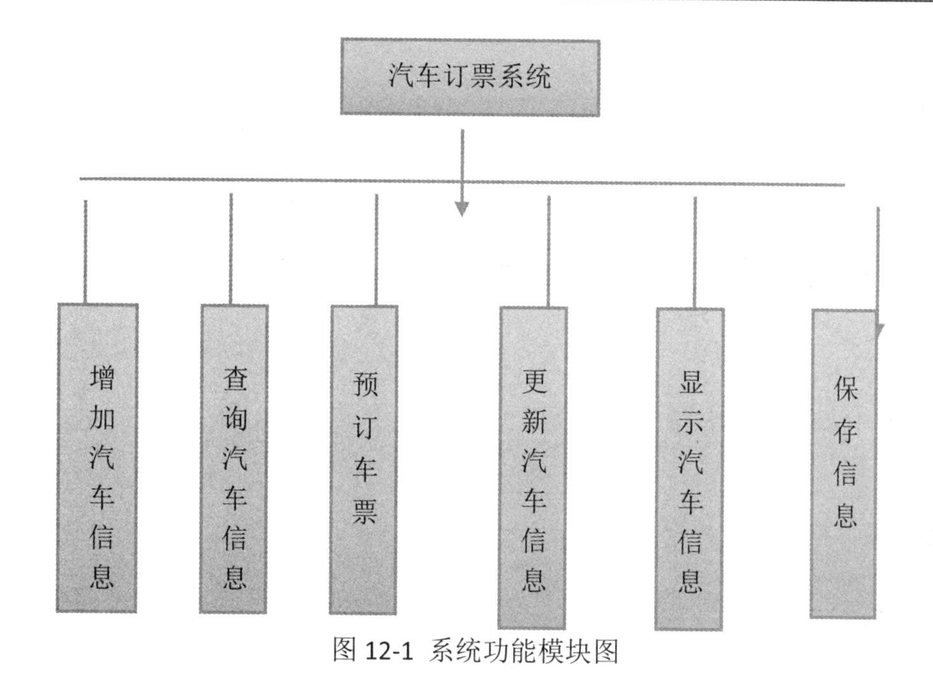

图 12-1 系统功能模块图

12.2 程序实现

12.2.1 程序预处理

程序预处理包括加载头文件，定义结构体，变量和常量，并对其进行初始化。

```
#include <conio.h>
#include <stdio.h>
#include <stdlib.h>
#include <string.h>
#include <windows.h>
#define HEADER1 " ----------------------------订票系统----------------------------------\n"
#define HEADER2 " |     车次     |   始发城市|  终点城市  |  发车时间    |    到达时间  | 票价|      票数      |\n"
#define HEADER3 " |----------|----------|----------|-----------|-----------|-----|------------|\n"
int saveflag=0 ;
//定义存储汽车信息的结构体
struct train
```

```
{
    char num[10];//车次
    char startcity[10];//出发城市
    char reachcity[10];//目的城市
    char takeofftime[10];//发车时间
    char receivetime[10];//到达时间
    int  price;//票价
    int  ticketnum ;//票数
};
//订票人的信息
struct people
{
    char num[19];//ID
    char name[10];//姓名
    int  bookNum ;//订的票数
};
//定义汽车信息链表的结点结构
typedef struct node
{
    struct train data ;
    struct node * next ;
}Node,*Link ;
//定义订票人链表的结点结构
typedef struct People
{
    struct people data ;
    struct People *next ;
}book,*bookLink ;
```

12.2.2 主函数设计

主函数主要实现对整个程序的运行控制，是整个程序的入口，在其中对相关功能模块进行调用完成预设功能。

```
int main()
{
    FILE*fp1,*fp2 ;
    Node *p,*r ;
    char ch1 ;
    Link l ;
    bookLink k ;
    book *t,*h ;
    int sel ;
    l=(Node*)malloc(sizeof(Node));
    l->next=NULL ;
    r=l ;
    k=(book*)malloc(sizeof(book));
    k->next=NULL ;
    h=k ;
    fp1=fopen("E:\\automobile.txt","ab+");//打开存储车票信息的文件
    if((fp1==NULL))
    {
        printf("文件打不开!");
        return 0 ;
    }
    while(!feof(fp1))
    {
        p=(Node*)malloc(sizeof(Node));
        if(fread(p,sizeof(Node),1,fp1)==1)//从指定磁盘文件读取记录
        {
            p->next=NULL ;
```

```
            r->next=p ;//构造链表
            r=p ;
        }
    }
    fclose(fp1);
    fp2=fopen("E:\\people.txt","ab+");
    if((fp2==NULL))
    {
        printf("文件打不开!");
        return 0 ;
    }

    while(!feof(fp2))
    {
        t=(book*)malloc(sizeof(book));
        if(fread(t,sizeof(book),1,fp2)==1)
        {
            t->next=NULL ;
            h->next=t ;
            h=t ;
        }
    }
    fclose(fp2);
    while(1)
    {
        system("cls");
        menu();
        printf("\t 请选择  (0~6):   ");
        scanf("%d",&sel);
        system("cls");
```

```
 if(sel==0)
 {
if(saveflag==1)//当退出时判断信息是否保存
      {
            getchar();
            printf("\n 文件已修改，是否需要保存(y/n)?\n");
            scanf("%c",&ch1);
            if(ch1=='y'||ch1=='Y')
            {
            SaveBookInfo(k);
               SaveAutomobileInfo(l);
            }
      }
      printf("\n 谢谢！欢迎再次订票！\n");
      break;

 }
 switch(sel)//根据输入的 sel 值不同选择相应操作
 {
      case 1 :
         AutomobileInfo(l);break ;
      case 2 :
         SearchAutomobile(l);break ;
      case 3 :
         Bookticket(l,k);break ;
      case 4 :
      Modify(l);break ;
 case 5:
      ShowAutomobile(l);break;
      case 6 :
```

```
                SaveAutomobileInfo(l);SaveBookInfo(k);break ;
                    case 0:
                    return 0;
                }
                printf("\n 请按任意键继续.......");
                getch();
        }
return 0;
}
```

12.2.3 系统主界面菜单设计

显示系统菜单，根据用户的不同选择进入相应界面。

```
void menu()
{
        puts("\n\n");
        puts("\t\t|----------------------------------|");
        puts("\t\t|                订票系统           |");
        puts("\t\t|----------------------------------|");
        puts("\t\t|    1:增加车次信息                  |");
        puts("\t\t|    2:查询车次信息                  |");
        puts("\t\t|    3:预订车票                      |");
        puts("\t\t|    4:修改车次信息                  |");
        puts("\t\t|    5:显示车次信息                  |");
        puts("\t\t|    6:保存车次信息                  |");
        puts("\t\t|    0:退出系统                      |");
        puts("\t\t|----------------------------------|");}
```

12.2.4 增加车次信息函数设计

增加车次记录由用户界面输入，依次输入车次，始发站所在城市，终点站所在城市，出发时间，到达时间，票价，可预订票数。

```
void Automobileinfo(Link linkhead)
{
    struct node *p,*r,*s ;
    char num[10];
    r = linkhead ;
    s = linkhead->next ;
    while(r->next!=NULL)
    r=r->next ;
    while(1)
    {
        printf("输入车次(0-返回)");
        scanf("%s",num);
        if(strcmp(num,"0")==0)
          break ;
        //判断是否已经存在
        while(s)
        {
            if(strcmp(s->data.num,num)==0)
            {
                printf("汽车 '%s'已存在!\n",num);
                return ;
            }
            s = s->next ;
        }
        p = (struct node*)malloc(sizeof(struct node));
        strcpy(p->data.num,num);//输入车号
    printf("输入始发站所在城市:");
        scanf("%s",p->data.startcity);//输入出发城市
        printf("输入终点站所在城市:");
        scanf("%s",p->data.reachcity);//输入到站城市
```

```
        printf("输入汽车出发时间:");
    scanf("%s",p->data.takeofftime);//输入出发时间
        printf("输入汽车到站时间:");
    scanf("%s",&p->data.receivetime);//输入到站时间
        printf("输入票价:");
        scanf("%d",&p->data.price);//输入汽车票价
        printf("输入预订票数:");
    scanf("%d",&p->data.ticketnum);//输入预定票数
        p->next=NULL ;
        r->next=p ;//插入到链表中
        r=p ;
       saveflag = 1 ;
    }
}
```

12.2.5 打印汽车票信息函数设计

调用定义好的符号常量输出格式化表头，然后格式化输出表中数据。

```
void printheader()
{
printf(HEADER1);
printf(HEADER2);
printf(HEADER3);
}
void printdata(Node *q)
{
Node* p;
p=q;
printf(" |%-10s|%-10s|%-10s|%-10s |%-10s |%5d|      %5d
|\n",p->data.num,p->data.startcity,p->data.reachcity,p->data.takeofftime,p->data.receivetime,
p->data.price,p->data.ticketnum);
```

```
}
```

12.2.6 查询汽车信息函数设计

查询汽车信息由 SearchAutomobile()函数实现，执行查询时，系统提示选择进行查询的依据，按车次或者达到城市查询，若记录存在，则显示相应信息。

```
void SearchAutomobile(Link l)
{
    Node *s[10],*r;
    int sel,k,i=0 ;
    char str1[5],str2[10];
    if(!l->next)
    {
        printf("There is not any record !");
        return ;
    }
    printf("选择查询方式:\n1：根据车次；\n2：根据城市；");
scanf("%d",&sel);//输入选择的序号
    if(sel==1)
    {
        printf("输入车次");
        scanf("%s",str1);
        r=l->next;
    while(r!=NULL)
        if(strcmp(r->data.num,str1)==0)//检索是否有与输入的车号相匹配的
        {
            s[i]=r;
            i++;
            break;
        }
```

```
            else
                    r=r->next;
        }
        else if(sel==2)
        {
            printf("输入到达城市:");
            scanf("%s",str2);
            r=l->next;
        while(r!=NULL)
            if(strcmp(r->data.reachcity,str2)==0)//检索是否有与输入的城市相匹配的汽车
            {
                s[i]=r;
                i++;
                r=r->next;
            }
            else
                r=r->next;
        }
if(i==0)
        printf("查询不到相关信息!");
else
{
        printheader();
        for(k=0;k<i;k++)
                printdata(s[k]);
}
}
```

12.2.7 订票函数设计

订票由 Bookticket()实现，在订票操作中，系统按照用户要求显示相关信息，用户依次输入名字、证件号以及车次，则系统显示剩余票数，每个用户只能预订一张车票。

```
void Bookticket(Link l,bookLink k)
{
    Node *r[10],*p ;
    char ch[2],tnum[10],str[10],str1[10],str2[10],ch1;
    book *q,*h ;
    int i=0,t=0,flag=0,dnum;
    q=k ;
    while(q->next!=NULL)
    q=q->next ;
    printf("输入要到达的城市: ");
    scanf("%s",&str);//输入要到达的城市
    p=l->next ;
    while(p!=NULL)
    {
        if(strcmp(p->data.reachcity,str)==0)
        {
            r[i]=p ;//将满足条件的记录存到数组 r 中
            i++;
        }
        p=p->next ;
    }
    printf("\n\n 满足条件的记录有 %d\n",i);
    printheader();
    for(t=0;t<i;t++)
    printdata(r[t]);
    if(i==0)
    printf("\n 抱歉，查询不到车次信息！ \n");
```

```
else
{
    printf("\n 你要预订车票吗?<y/n>\n");
    scanf("%s",ch);
if(strcmp(ch,"Y")==0||strcmp(ch,"y")==0)//判断是否订票
    {
    h=(book*)malloc(sizeof(book));
        printf("输入名字: ");
        scanf("%s",&str1);
        strcpy(h->data.name,str1);
        printf("输入证件号: ");
        scanf("%s",&str2);
        strcpy(h->data.num,str2);
    printf("输入车次:");
    scanf("%s",tnum);
    for(t=0;t<i;t++)
    if(strcmp(r[t]->data.num,tnum)==0)
    {
      if(r[t]->data.ticketnum<1)//判断剩余的供订票的票数是否为 0
      {
          printf("抱歉，票已售完!");
          Sleep(2);
          return;
      }
      printf("剩余 %d 张票\n",r[t]->data.ticketnum);
      flag=1;
      break;
    }
    if(flag==0)
    {
```

```
                printf("输入错误");
                Sleep(2);
                return;
            }
            printf("输入票数: ");
            scanf("%d",&dnum);
            if(dnum>1)
            {
                getchar();
                printf("每人只能购买一张票，是否确定购买一张(y/n)");
                scanf("%c",&ch1);
                if(ch1=='y')
                {
                    r[t]->data.ticketnum=r[t]->data.ticketnum-1;//定票成功则可供订的
票数相应减少
                    h->data.bookNum=1;
                    h->next=NULL;
                    q->next=h ;
                    q=h ;
                    printf("\n 恭喜,你订到了车票!");
                    getch();
                    saveflag=1 ;
                }
                else
                    return;
            }
        }
    }
    }
```

12.2.8 更新汽车信息函数设计

根据用户输入车次更新该车次相关信息。

```
void Modify(Link l)
{
    Node *p ;
    char tnum[10],ch ;
    p=l->next;
    if(!p)
    {
        printf("\n 不存在车次记录!\n");
        return ;
    }
    else
    {
        printf("\n 你要修改该条记录吗?(y/n)\n");
        getchar();
        scanf("%c",&ch);
        if(ch=='y'||ch=='Y')
        {
            printf("\n 输入车次:");
            scanf("%s",tnum);
            while(p!=NULL)
            if(strcmp(p->data.num,tnum)==0)      //查找与输入的车号相匹配的记录
            break;
            else
            p=p->next;
            if(p)
            {
                    printf("输入新的车次:");
                    scanf("%s",&p->data.num);
```

```
                    printf("输入新的始发站城市:");
                    scanf("%s",&p->data.startcity);
                    printf("输入新的终点站所在城市:");
                    scanf("%s",&p->data.reachcity);
                    printf("输入新的汽车起始时间");
                    scanf("%s",&p->data.takeofftime);
                    printf("输入新的汽车到站时间:");
                    scanf("%s",&p->data.receivetime);
                    printf("输入新的票价:");
                    scanf("%d",&p->data.price);
                    printf("输入新的可预订票数:");
                    scanf("%d",&p->data.ticketnum);
                    printf("\n 修改成功!\n");
                    saveflag=1 ;
                }
                else
                printf("\t 找不到记录!");
            }
    }
}
void ShowAutomobile(Link l)   //自定义函数显示汽车信息
{
Node *p;
p=l->next;
printheader();
if(l->next==NULL)
printf("没有记录!");
else
 while(p!=NULL)
{
```

```
        printdata(p);
        p=p->next;
    }
}
```

12.2.9 保存汽车信息与订票人信息函数设计

在存储操作中，系统将链表中的数据写入磁盘中的指定数据文件。

```
void SaveAutomobileInfo(Link l)
{
    FILE*fp ;
    Node*p ;
    int count=0,flag=1 ;
    fp=fopen("E:\\automobile.txt","wb");
    if(fp==NULL)
    {
        printf("文件打不开!");
        return ;
    }
    p=l->next ;
    while(p)
    {
        if(fwrite(p,sizeof(Node),1,fp)==1)
        {
            p=p->next ;
            count++;
        }
        else
        {
            flag=0 ;
            break ;
```

```
            }
        }
        if(flag)
        {
            printf(" 保存 %d 条车次记录\n",count);
            saveflag=0 ;
        }
        fclose(fp);
}
void SaveBookInfo(bookLink k)
{
        FILE*fp;
        book *p;
        int count=0,flag=1 ;
        fp=fopen("E:\\people.txt","wb");
        if(fp==NULL)
        {
            printf("文件打不开!");
            return ;
        }
        p=k->next ;
        while(p)
        {
if(fwrite(p,sizeof(book),1,fp)==1)
            {
                p=p->next ;
                count++;
            }
            else
            {
```

```
                flag=0 ;
                break ;
            }
        }
        if(flag)
        {
            printf(" 保存 %d 条订票记录\n",count);
            saveflag=0 ;
        }
        fclose(fp);
}
```

【系统主界面（图 12–2）】

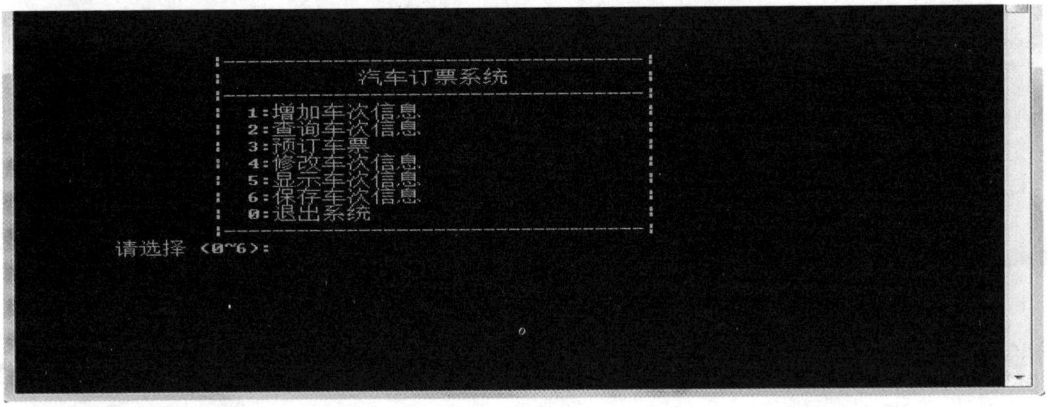

```
        ------------------------------------------
        |              汽车订票系统               |
        ------------------------------------------
        |  1:增加车次信息                          |
        |  2:查询车次信息                          |
        |  3:预订车票                              |
        |  4:修改车次信息                          |
        |  5:显示车次信息                          |
        |  6:保存车次信息                          |
        |  0:退出系统                              |
        ------------------------------------------
    请选择 <0~6>:
```

图 12-2　系统主界面

参考文献

[1] 谭浩强. C 程序设计[M].4 版.北京：清华大学出版社，2010.

[2] 向艳. C 语言程序设计[M]. 2 版. 北京：清华大学出版社，2011.

[3] 杨连贺，赵玉玲，丁刚，等. C 语言程序设计[M].北京：清华大学出版社，2017.

[4] 吴启武，刘勇，王俊峰,等.C 语言程序设计案例精编[M]. 北京：清华大学出版社，2011.

[5] 向艳，周天彤，程起才.C 程序设计实训教程[M]. 北京：清华大学出版社，2013.

[6]布莱恩·克尼汉，丹尼斯·里奇. C 程序设计语言[M]. 徐宝文，李志，译. 北京：机械工业出版社，2004.

[7] 史蒂芬·普拉达. C Primer Plus （中文版）[M].6 版. 姜佑，译. 北京：人民邮电出版社，2016.

[8] 霍尔顿. C 语言入门经典[M].5 版. 杨浩，译. 北京：清华大学出版社，2013.